HELGA HOFMANN

300 Fragen zum Katzenverhalten

› Experten-Tipps aus der Praxis

Inhalt

Revier-verhalten

Jagen

Ernährung & Toilettenverhalten ?

Inhalt

Schlafen & wohlfühlen ?

Sozial-verhalten ?

Inhalt

Fortpflanzung & Nachwuchs ?

Spielen & lernen ?

Inhalt

Problemverhalten ?

Inhalt

Anhang

Umschlag-klappen

- ➤ Testen Sie Ihr Wissen über das Verhalten von Katzen
- ➤ Vertrauen aufbauen Schritt für Schritt
- ➤ Was »Miau« alles heißen kann
- ➤ Die besten Wohlfühl-Tipps
- ➤ Katzen verstehen

Revier-verhalten

Wo immer Katzen wohnen, markieren und kontrollieren sie ihre Reviere – ob auf dem Bauernhof, in einer kleinen Wohnung oder dem Haus mit Garten. Wer seine Katze richtig verstehen will, muss diese Verhaltensweisen kennen.

1. Bruderschaften der Kater: Gelegentlich liest man von einer »Bruderschaft der Kater«. Gibt es so etwas wirklich?

?

Die »Bruderschaft« der Kater ist ein Begriff, den der bekannte Verhaltensbiologe Prof. Dr. Paul Leyhausen schuf, um das Sozialsystem der Kater zu veranschaulichen. Es geht dabei um Revierbesitz und Rangordnung. Begegnen sich zwei erwachsene Kater zum ersten Mal, entbrennt fast immer ein heftiger Kampf, mit dem entschieden wird, wer der Stärkere ist. In der Folge regeln die beiden ihre Differenzen gewöhnlich nur noch durch Imponiergehabe und gegenseitiges Drohen. Mit der Zeit entsteht unter den Katern einer Gegend eine Rangordnung, durch die jeder genau weiß, wie er mit den Artgenossen umzugehen hat, oder anders gesagt, wer sich wem gegenüber welche Freiheiten erlauben darf. Die Kater herrschen nun praktisch gemeinsam über ihre Gebiete, eben als eine Art »Bruderschaft«. Manchmal versammeln sie sich abends oder in den Nachtstunden an einem möglichst neutralen, meist abgelegenen Ort, in einem Hinterhof oder auf einem Hausdach. Bei einer solchen »Party« geht es völlig friedlich und immer sehr still zu. Die Tiere sitzen einfach nur beieinander, manche bleiben zu den anderen auf Distanz, während befreundete Katzen sich sogar aneinander reiben. An den verschwiegenen Treffen dürfen übrigens auch Kätzinnen teilnehmen. Nach ein paar Stunden löst sich dann die Versammlung wieder auf, und alle ziehen sich in ihre Nachtquartiere zurück. Zu ernsthaften Auseinandersetzungen kommt es nur sehr selten und höchstens dann, wenn ein junger Kater herangewachsen ist und gegen die erwachsenen Geschlechtsgenossen aufbegehrt, um seinen gesellschaftlichen Status zu testen. Ein neuer Kater, der nach dem Umzug seiner Familie in die Gegend gekommen ist, wird nicht sofort von den alteingesessenen Platzherren akzeptiert. Es dauert einige Zeit, bis er sich seinen Platz in der örtlichen Bruderschaft erkämpft hat.

2. **Flankenreiben: Warum reibt unsere Minka ihren Kopf und die Flanken regelmäßig an uns, aber auch an Möbeln und Türpfosten?** ?

Katzen haben an Wangen und Kinn wie auch an Flanken und Schwanzwurzel besondere Hautdrüsen, die einen individuellen Duft produzieren. Wenn Minka mit diesen Körperstellen an Objekten entlangstreift, überträgt sie den Duft und kennzeichnet so Möbel, Türen und andere Gegenstände als Besitz. Der Duft ist für unsere Nase nicht wahrnehmbar, wohl aber für die der Katzen. Reibt sich Minka an Ihnen, markiert sie auch Sie als jemanden, der zu ihr gehört. Wohnungskatzen markieren mit dem Eigenduft selbst dann, wenn noch nie eine andere Katze in ihrem Zuhause war. Die Geruchskennzeichnung dient weniger dazu, unerwünschte Artgenossen zu vertreiben, sondern stellt ein vertrautes Ambiente her, etwa im Sinne von »Wo es nach mir riecht, gehöre ich hin«.

EXTRATIPP

Aggressiv: Meine Katze wird von Artgenossen bis ins Haus verfolgt

Wenn Sie zu Hause sind, sollten Sie fremde Katzen vehement verscheuchen. Sind Sie berufstätig und Ihre Katze kommt über eine Katzenklappe ins Haus, hilft eine elektronische Klappe. Die Katze trägt ein Chip-Halsband, das die Klappe entriegelt. Katzen ohne Chip können nicht mehr ins Haus.

3. **Freigang: Warum lassen sich Katzen auch von Regen, Schnee und Kälte nicht von ihrem Freigang abhalten?** ?

Katzen wollen immer wissen, was in ihrem Revier passiert – ob fremde Katzen irgendwo ihre duftende »Visitenkarte« hinterlassen haben, ob ein Hund durchs Revier gelaufen ist, ein Mensch im Garten gearbeitet hat oder vielleicht Nachbars Kätzin rollig ist. Die Duftmarken der Katzen der Umgebung müssen regelmäßig kontrolliert, die eigenen erneuert werden (→ Seite 32). Dieses ganze Programm hat für die Katze einen so hohen Stellenwert, dass sie es sogar in Kauf nimmt, beim Inspektionsgang durchs Revier zu frieren oder sich nasse Füße zu holen.

4. Krallenwetzen: Dient das Krallenwetzen an Bäumen, Textilien und Ähnlichem allein der Krallenpflege?

Beim Krallenwetzen werden die Krallen gesäubert, ihre Spitzen geschärft und die alten Hornschichten entfernt. Das ist aber nur eine Funktion. Gleichzeitig überträgt die Katze nämlich auch Duftstoffe aus den Hautdrüsen an ihren Zehen auf den Untergrund und hinterlässt so eine für alle vorbeikommenden Katzen »lesbare« Mitteilung (→ Seite 19). Die Artgenossen können der Duftbotschaft entnehmen, wer hier war, wann er hier war und schließlich sogar, in welcher Gemütsverfassung sich der Urheber der Duftmarke gerade befand. Darüber hinaus hat das Krallenwetzen noch eine weitere wichtige Bedeutung im Sozialleben der Katzen: Es dient als eindrucksvolle Imponiergeste, wenn dabei eine andere Katze in der Nähe ist. Die Katze wetzt ihre Krallen dann besonders nachdrücklich und demonstrativ und wirft nicht selten sogar einen Blick über die Schulter, um sich zu vergewissern, ob die Artgenossin ihr auch wirklich zuschaut.

Beim Krallenwetzen überträgt die Katze Duftstoffe auf die Unterlage und hinterlässt so ihre persönliche »Visitenkarte«.

5. **Markieren: Warum markiert eine Katze ihr Revier 1. Ordnung in der Regel nicht mit Kot oder Harn?** ?

Anders als die dezenten Duftmarkierungen, die beim Köpfchengeben und Krallenwetzen (→ Seite 20) abgegeben werden, riechen Exkremente sehr stark und sind weithin wahrnehmbar. Die Katze verzichtet im Revier 1. Ordnung, ihrem Privatbereich, auf diese intensive Art der Markierung, weil sie vermeiden will, dass Feinde auf ihr Zuhause aufmerksam werden. Schließlich hält sie sich hier am häufigsten auf, hier schläft sie und zieht auch ihren Nachwuchs groß. Da ist es natürlich durchaus sinnvoll, sich möglichst unauffällig zu verhalten.
Manche Katzenexperten vermuten, dass dabei eher Hygienegründe im Vordergrund stehen. So wird eine Katze niemals Harn oder Kot in unmittelbarer Nähe ihres Futter- oder Wassernapfs oder der Schlafstelle absetzen. In kleineren Wohnungen bleibt da häufig nicht viel Platz für Duftmarken. Fühlt sich eine Katze allerdings in ihrem Kernrevier von fremden Artgenossen bedroht, kann es durchaus passieren, dass sie ihren Privatbereich demonstrativ markiert, was dann als »plötzliche Unsauberkeit« bei ihrem Besitzer Kopfschütteln und Ratlosigkeit verursacht.

6. **Markieren – kastrierte Katzen: Markieren auch Kätzinnen und kastrierte Kater, indem sie ihren Harn verspritzen?** ?

Mit Harn markieren auch Weibchen und kastrierte Kater, allerdings nicht so häufig wie potente Kater. Außerdem riecht ihr Harn bei Weitem nicht so streng. Weil das Spritzmarkieren nicht in erster Linie mit der Fortpflanzung zu tun hat, sondern ein Mittel der sozialen Kommunikation ist (→ Seite 132), kommt es mit der Kastration auch nicht automatisch zum Erliegen. Aber wie vieles bei den Katzen ist das Spritzharnen individuell ganz unterschiedlich ausgeprägt: Es gibt Kater, die alles und überall markieren, sogar in ihrem eigenen Zuhause, und es gibt andere, wenn auch nur wenige, die in ihrem ganzen Leben noch nie Harn versprüht haben, obwohl sie kräftige und intakte Kater sind. Allgemein gilt aber, dass kastrierte Tiere beiderlei Geschlechts in ihrem Eigenbereich, also im Haus oder in der Wohnung, keinerlei Harnmarken absetzen – vorausgesetzt, sie werden unter katzengerechten Bedingungen gehalten.

7. Markieren – Kotplätze: Warum verscharren manche Katzen ihr »Geschäft« nicht?

?

Normalerweise vergraben Katzen ihren Kot recht sorgfältig. Dieses Verhalten ist ihnen angeboren. Schon die ganz jungen Kätzchen scharren zuerst eifrig in losem Material, bevor sie ihr »Geschäft« in der entstandenen Grube absetzen und sie danach zuscharren. Diese »ordentlichen« Toilettenmanieren behält auch die erwachsene Katze bei – zumindest in ihrem Revier 1. Ordnung (→ Seite 17). Aber es gibt Ausnahmen: An bestimmten Plätzen und zu bestimmten Zeiten verhalten sich Katzen genau entgegengesetzt. Sie vergraben die Exkremente nicht, sondern platzieren sie an möglichst exponierten und auffälligen Stellen. Das ist zum Beispiel

EXTRATIPP

Krallenwetzen: So bleibt die Wohnung verschont
Kratzbaum oder Kratzbrett müssen in der Nähe des Ruheplatzes stehen. Mit Kratzbewegungen machen Sie der Katze einen neuen Kratzbaum schmackhaft. Jedes Mal, wenn sie den Kratzbaum benutzt, wird sie gestreichelt und gelobt. Durch Einreiben mit Katzenminze oder Baldrian gewinnt der Baum zusätzlich an Attraktivität.

typisch für Kätzinnen während der Rolligkeit (→ Seite 179), die mit diesem »verführerischen« Geruch mögliche Freier auf sich aufmerksam machen wollen – gewissermaßen also eine Werbung in eigener Sache. Ähnlich verfahren auch dominante Katzen beiderlei Geschlechts an den Grenzen ihres Reviers. Hier dient der Kotgeruch als Warnsignal, um fremde Artgenossen fernzuhalten.
Gelegentlich, wenn auch selten, kann es vorkommen, dass eine sehr selbstsichere Katze ihre Exkremente im Revier 1. Ordnung nicht verscharrt. Oder dass bei mehreren Katzen in der Wohnung das dominanteste Tier den Kot in der Katzentoilette offen liegen lässt. In der Katzensprache heißt das dann offenbar so viel wie: »Seht her, mir tut hier keiner was. Ich muss meine Anwesenheit nicht verbergen.«

8. Markieren – Krallenwetzen: Mein Kater schärft seine Krallen ständig an Bäumen und Zäunen. Warum streckt er sich dabei immer so weit wie möglich in die Höhe? ?

Beim Krallenwetzen reinigt, pflegt und schärft die Katze ihre Krallen. Aber das ist nicht alles. Zugleich setzt sie so ein deutliches Signal für andere Katzen, das besagt: »Ich war hier und das ist mein Revier!« Beim Kratzen werden Geruchsstoffe aus Hautdrüsen an den Zehen auf den Untergrund übertragen. Je höher diese Duftmarke sitzt, desto größer muss der Urheber in den Augen (bzw. Nasen) seiner Artgenossen wirken. Darüber hinaus haben Katzen Lieblingskratzplätze, an denen die Arbeit ihrer Krallen im Laufe der Zeit deutlich sichtbare Spuren hinterlässt. Auch diese Marken können besser gesehen werden, wenn sie möglichst hoch liegen und nicht im Gras oder Gebüsch verschwinden. Nicht zuletzt hat sich das Krallenwetzen aber auch zu einer wichtigen Imponierhandlung in der Kommunikation der Katzen entwickelt, die fast immer dann ausgeführt wird, wenn eine andere Katze in der Nähe ist und ihre krallenwetzende Artgenossin beobachtet (→ Seite 16).

9. **Markieren – Kratz- und Duftmarken: Warum hinterlässt unsere Katze auch in der eigenen Wohnung Kratz- und Duftmarken, obwohl hier keine fremden Katzen leben und auch nicht zu Besuch kommen?** ?

Die Duftmarken, die eine Katze beim Krallenwetzen über ihre Pfotenballen und beim Köpfchengeben über die Wangendrüsen absetzt, sind nicht nur Mitteilungen an die Artgenossen, sondern fungieren gleichzeitig als eine Art »Wellnessduft« für ihren Wohnbereich. Die Katze überträgt ihren individuellen Duft auf die Gegenstände in der Wohnung und markiert sie damit gewissermaßen als ihr Eigentum. Und wo es nach ihr selbst riecht, fühlt sie sich wohl und geborgen, ganz nach dem Motto »My home is my castle«. Auf diesem Prinzip basiert auch die Anwendung künstlicher Pheromone, einer Art universeller Katzenduftstoffe, die man in einem Zimmer oder der ganzen Wohnung verteilen kann. Die Duftstoffe sorgen dafür, dass sich gestresste und verunsicherte Stubentiger schneller wieder beruhigen, zum Beispiel nach dem Umzug in eine neue Wohnung (→ Seite 119).

10. **Markieren – Spritzharnen: Kater verspritzen ihren Harn häufig ganz gezielt an Mauern, Zäune, Pfosten und viele andere senkrechte und an prominenten Stellen stehende Objekte. Wozu soll das gut sein?** ?

Der Kater setzt durch Spritzharnen eine persönliche Duftmarke an einer auffälligen Stelle seines Reviers. Anders als beim normalen Urinieren, das in der Hocke stattfindet, stellt er sich steifbeinig und mit hochgestelltem Schwanz hin und sprüht einen kurzen,

aber kräftigen Harnstrahl gegen die Wand oder den Pfosten. Vorzugsweise sucht er sich dafür Stellen aus, an denen er selber oder aber eine andere Katze schon früher Duftmarken gesetzt hat. Er hinterlässt damit für alle hier vorbeikommenden Artgenossen eine Nachricht, vergleichbar der Notiz an einer Pinnwand: »War heute um 6.30 Uhr hier. Carlo.«
Während für uns Menschen der Harn erwachsener Kater ausgesprochen streng und unangenehm riecht, werden Katzen davon offenbar nicht abgestoßen oder gar verscheucht. Im Gegenteil, sie beschnuppern die markierten Stellen ausgiebig und augenscheinlich mit dem größten Interesse. Aus der individuellen Zusammensetzung der Geruchsstoffe kann eine Katze viel herauslesen. Sie erfährt, wer sich hier verewigt hat,

DIE BEREICHE DES KATZENREVIERS

Heim 1. Ordnung	Die Wohnung oder ein Teil des Hauses, in dem die Katze lebt. Manchmal sind es auch nur ein oder zwei Zimmer. Hier schläft sie und bekommt regelmäßig Futter, hier zieht die Kätzin ihre Jungen groß.
Heimbezirk oder inneres Revier	Die direkte Umgebung des Heims 1. Ordnung, also die übrigen Bereiche des Hauses und der Garten. Die Katze patroulliert hier ständig und kennt jeden Quadratmeter. An bestimmten Plätzen hält sie sich regelmäßig auf, etwa um Siesta zu halten, in der Sonne zu liegen oder das Revier zu beobachten.
Streifgebiet	Ein Areal außerhalb des eigentlichen Reviers der Katze. Das Streifgebiet wird von festen Pfaden durchzogen, die zu Stellen führen, die von Katzen als Jagdgebiet, zur Brautwerbung, als Versammlungsplatz mit Artgenossen oder Ähnlichem genutzt werden. In den Bereichen abseits ihrer Pfade bewegen sich die Katzen dabei so gut wie nie. Die Streifgebiete benachbarter Katzen überlappen sich gewöhnlich stark.

wann die Duftmarke abgesetzt wurde, aber auch, in welcher körperlichen Verfassung sich der Urheber befand, und selbst, ob er gut gelaunt war oder vielleicht einen eher schlechten Tag hatte. So erfahren die Katzen eines Wohnviertels quasi im Vorbeigehen beim Spaziergang durchs Revier und ihr Streifgebiet alle wichtigen Neuigkeiten über ihre Artgenossen – fast so, als würden wir das Schwarze Brett in unserem Gemeindezentrum oder die Infotafel im Supermarkt studieren. Nachdem sie alle Nachrichten zur Kenntnis genommen hat, hinterlässt dann jede Katze in der Regel noch eine eigene Duftmarke und sorgt mit ihrer Mitteilung dafür, dass die »Pinnwand« immer auf dem aktuellsten Stand ist.

11. Orientierung im Revier: Können Katzen sich in ihrem Revier verlaufen, oder kommen sie in jedem Fall wieder nach Hause?

Das kann man mit einem doppelten Nein beantworten: Für gewöhnlich verlaufen sich Katzen in ihrem Revier nicht, denn zum einen kennen sie hier jeden Quadratmeter, zum anderen verfügen sie über einen perfekten Orientierungssinn, der auch über größere Entfernungen funktioniert (→ rechte Seite). Das bedeutet aber nicht, dass Katzen in jedem Fall wieder nach Hause kommen. Widrige Umstände und unvorhergesehene Situationen

EXTRATIPP

Stundenplan: Alles zur festen Tageszeit

Halten Sie sich beim Füttern, Bürsten und beim Spielen mit Ihrer Katze möglichst an feste Tageszeiten. Katzen teilen sich den Tag nach einem exakten Stundenplan ein. Ihr hervorragendes Zeitgefühl sagt ihnen, was gerade fällig ist. Vor allem ängstliche und unsichere Katzen lassen sich durch unvorhergesehene Aktionen zusätzlich verunsichern.

können sie daran hindern. Das trifft zum Beispiel zu, wenn eine Katze beim Erkunden des unbekannten Terrains in einem fremden Haus, einer Garage, einem Schuppen oder Keller eingesperrt wird. Es kann auch passieren, dass ihr eine aggressive Nachbarkatze den Weg durch ihr Revier verlegt, dass der ungewohnte Lärm einer Baumaschine oder eines Fahrzeugs sie so sehr erschreckt, dass sie sich dort nicht vorbeiwagt, und nicht zuletzt sind Katzen im Straßenverkehr immer großen Gefahren ausgesetzt. Verletzte Tiere suchen sich dann nicht selten ganz instinktiv ein Versteck, um dort ihre Wunden zu kurieren, und tauchen dann möglicherweise tage- oder sogar wochenlang nicht mehr auf.

12. Orientierung über große Entfernungen: Besitzen Katzen tatsächlich die Fähigkeit, sich am Magnetfeld der Erde zu orientieren?

?

Berichte von Katzen, die nach unvorstellbar langen Wanderungen wieder nach Hause fanden, gehören nach Meinung vieler Zeitgenossen ins Reich der Märchen oder werden zumindest sehr skeptisch zur Kenntnis genommen. Der Mehrheit der Wissenschaftler ging das nicht anders – bis man das Phänomen mit unterschiedlichen Versuchsanordnungen überprüfte. In einem Versuch wurden Katzen mit dem Auto auf verschlungenen Wegen über eine Distanz von mehreren Kilometern verfrachtet. Dann setzte man sie in ein rundes Versuchsgehege mit 24 Ausgängen, die in alle Himmelsrichtungen führten. Die Überdachung des Geheges stellte sicher, dass sich die Tiere bei der Wahl des Ausgangs nicht am Sonnenstand orientieren konnten. Die Forscher überließen die Katzen sich selbst und beschränkten sich allein darauf, jede ihrer Bewegungen zu protokollieren. Tatsächlich wählte die große Mehrheit der vierbeinigen Probanden exakt den Ausgang, der in die Richtung ihres Heimatreviers zeigte. Dieses Ergebnis stellte sich auch ein, wenn die Katzen vor ihrer »Entführung« in Narkose gelegt wurden, die Fahrt im Auto verschliefen und erst im Versuchsgehege aufwachten. In der Folgezeit wurden viele ähnliche Tests zur Orientierung und zum Heimfindevermögen durchgeführt. Dabei bestätigte sich immer wieder, dass Katzen – wie übrigens auch viele andere Tierarten – eine verblüffende Fähigkeit besitzen, sich selbst über große Distanzen zielgerichtet zu orientieren. Offensichtlich spielt dabei das Magnetfeld der Erde eine mitentscheidende Rolle. Zu dieser Erkenntnis kamen die Feldforscher, nachdem sie die oben beschriebene Versuchsanordnung erweitert hatten: Sie legten den Katzen Halsbänder mit einem starken Magneten an, was dazu führte, dass die Tiere orientierungslos wurden. Wie der »magnetische Sinn« funktioniert, ist allerdings nach wie vor unklar. Doch wir wissen heute, dass man Geschichten von Katzen, die zum Teil über mehrere Hundert Kilometer wieder nach Hause gefunden haben, offenbar nicht immer als »Katzenlatein« abtun darf.

13. Revier: Haben Wohnung und Haus für eine Katze dieselbe Bedeutung wie ihr daran angrenzendes Revier, also etwa der Garten oder die Wiese hinter dem Zaun?

Für eine Katze, die ungehinderten Freigang hat, stellen die Wohnung und das Haus oder ein Teil davon ihr Revier 1. Ordnung dar, das ihren eigentlichen Lebensmittelpunkt bildet (→ Tabelle, Seite 21). Hier

Wenn sich zwei Kater in die Haare geraten, die Anspruch auf dasselbe Revier erheben, geht es meist heftig zur Sache.

ist sie zu Hause, hier fühlt sie sich sicher und geborgen. Den weiteren Heimbezirk, sozusagen das Revier 2. Ordnung oder innere Revier, stellt die unmittelbare Umgebung des Heims 1. Ordnung dar. Meist gehören dazu der Garten hinterm Haus und die direkt angrenzenden Grundstücke. Die Größe des inneren Reviers hängt auch von der Katzendichte in der Umgebung ab: Müssen sich mehrere Katzen mit Auslauf ein Areal teilen, sind die entsprechenden Reviere 2. Ordnung kleiner als dort, wo nur wenige Katzen leben. In diesem Bereich kennt die Katze sich sehr gut aus und besitzt hier bevorzugte Ruheplätze und Warten, von denen aus sie regelmäßig ihre Umgebung kontrolliert. Hier kann sie in Muße ein Sonnenbad nehmen oder sich ausgiebig ihrer Fellpflege widmen. An das Revier 2. Ordnung schließt sich ein mehr oder weniger großes Streifgebiet an, in dem sich die Katze, aber auch andere Artgenossen meist nur auf festgelegten Pfaden bewegen. Genutzt wird das Streifgebiet zur Jagd, bei der Brautwerbung oder von Zeit zu Zeit auch als Versammlungsort (→ Seite 14).

14. Revier – Grenzkonflikte: **Wie regeln Katzen Streitigkeiten, wenn sie sich über den Verlauf von Reviergrenzen oder die Nutzungsrechte eines Reviers nicht einig sind?** ?

Ärger im Revier kommt nur selten vor. Die Katzen gehen sich normalerweise aus dem Weg, um Zoff zu vermeiden (→ Seite 27). Falls sich aber tatsächlich einmal zwei benachbarte Revierinhaber oder eine alteingesessene Katze und eine beherzte Zuzüglerin plötzlich im Gelände gegenüberstehen, kann es heftig zur Sache gehen. Dann wird selten lange gefackelt oder gedroht, vielmehr attackiert eine Katze sofort die andere, und es hagelt Tatzenhiebe. Zu Beißereien, wie sie unter rivalisierenden Katern üblich sind, kommt es bei solchen Grenzgefechten eher selten. Umso mehr setzen die Kontrahenten ihre Krallen in blitzschnellen

Schlagserien ein. Die Ohren sind angelegt, das Fell ist gesträubt. Die von lautem Gekreische begleitete Auseinandersetzung zeigt klar, dass es sich um einen Abwehrkampf handelt, mit dem Ziel, den Konkurrenten aus dem Revier zu vertreiben. Kätzinnen fechten solche Kämpfe häufiger aus als Kater, da sie ihr Revier gewöhnlich viel vehementer verteidigen als ihre männlichen Artgenossen. Ist im Laufe der Zeit und nach mehreren »Waffengängen« endlich geklärt, wer hier das Sagen hat, kommt es nur noch selten zum Streit. Bei jeder weiteren Begegnung weicht die unterlegene Katze jetzt von vornherein dem Konflikt aus, räumt in geduckter Körperhaltung das Feld oder gibt sogar gleich Fersengeld.

15. Revier – »Passierschein« für Freunde:

Warum lässt die Revierbesitzerin einige Katzen passieren, während sie andere verjagt?

?

Die Katzen einer Gegend regeln ihr Miteinander auf der Basis eines ausgeklügelten System von Vorrechten und Privilegien, das für den Menschen nur schwer zu durchschauen ist. Dazu zählen auch die Nutzungsrechte für bestimmte Wege und Plätze in Revierbereichen, die von mehreren Katzen gemeinsam genutzt werden. Wenn also die Katze des Nachbars in aller Seelenruhe durch Ihren Hausgarten marschiert und Ihre eigene

INFO

Die innere Uhr

Das Zeitgefühl der Katzen ist legendär. Im Revier brauchen sie es, um Streit mit den Artgenossen zu vermeiden. Da sich die benachbarten Reviere oft überlappen, regeln die Tiere die Nutzungs- und Wegerechte nach einem strikten Stundenplan, den es einzuhalten gilt. Der untrügliche Zeitsinn erlaubt es Katzen auch, sich dem Alltagsrhythmus ihrer Menschen anzupassen.

Katze sie gewähren lässt, hat diese Nachbarin vermutlich einen »Passierschein«, der ihr das Wegerecht zu dieser Tageszeit und für dieses bestimmte Areal einräumt. Katzen, die sich ohne eine solche Erlaubnis unbefugt im Revier Ihrer Mieze blicken lassen, haben ziemlich schlechte Karten und werden mit Nachdruck verscheucht. Unabhängig von dieser kätzischen »Verkehrsregelung« gibt es natürlich auch regelrechte Freundschaften unter Katzen. Und ein Freund oder die Freundin dürfen jederzeit zu Besuch kommen und alle Wege im Revier benutzen.

16. Revier – Tages- und Wegeplan: Warum durchstreifen Katzen ihr Revier meist auf bestimmten Wegen und zu festen Zeiten? ?

Man könnte darauf natürlich lapidar antworten, dass Katzen Gewohnheitstiere sind, die ihren Alltag durch möglichst gleichbleibende Abläufe gliedern wollen. Doch das erklärt noch nicht wirklich das Warum. Der biologische Sinn, der hinter dem stets gleichen Tagesprogramm steckt, lässt sich leichter verstehen, wenn man einen Blick auf wilde Katzen wirft, die ein freies Leben in der Natur führen. Für gewöhnlich müssen sie sich einen bestimmten Lebensbereich mit anderen Artgenossen teilen und könnten daher beim Umherstreifen leicht auf andere Katzen treffen. Derartige unvermutete Begegnungen enden sehr schnell in handfesten Auseinandersetzungen, die immer ein hohes Verletzungsrisiko mit sich bringen. Für eine wild lebende Katze stellt aber oft schon ein Biss ins Bein oder eine andere kleinere Verletzung eine ernste Sache dar, weil sie dadurch in ihrer Bewegungsfähigkeit oft empfindlich eingeschränkt wird. Das aber kann gravierende Auswirkungen auf den Jagderfolg und die Abwehr von Feinden nach sich ziehen. Wenn sich die Katzen bei ihren Streifzügen jedoch an feste Termine und bestimmte Wege halten, lassen sich unerwünschte Zufallsbegegnungen mit den Artgenossen vermeiden. Für wilde Katzen ist die stillschweigende Vereinbarung, wer wann welche Revierzonen nutzen darf, also lebenswichtig. Und unsere Familienkatzen haben sich dieses Erbe bewahrt.

17. Reviere von Kätzinnen und Katern: Gibt es deutliche Unterschiede zwischen den Revieren von Kätzinnen und Katern? ?

Generell kann man sagen, dass die Kätzinnen meist kleinere Reviere haben als die Kater, die sie aber viel strenger überwachen und im Ernstfall mit allem Nachdruck verteidigen. Männliche Kastraten verhalten sich in dieser Hinsicht wie Weibchen. Das bis zu zehnmal größere Revier eines potenten Katers überlappt sich oft mit mehreren Kätzinnen-Revieren. Alle Reviere der Katzen gliedern sich in mehrere Zonen, die im Alltag der Tiere ganz unterschiedliche Funktionen haben (→ Tabelle, Seite 21).

18. Reviergrenzen: Bleiben Katzen nur in ihrem Revier, oder erkunden sie auch das Umfeld? ?

Katzen, denen es gelungen ist, ein Revier zu erobern, werden es gegenüber allen zudringlichen Artgenossen aus der Nachbarschaft verteidigen. Das gilt zumindest für das innere Revier, also die unmittelbare Umgebung ihres Heims 1. Ordnung (→ Tabelle, Seite 21). In dem sich anschließenden Streifgebiet erkundet eine Katze hingegen immer wieder Neuland und beschreitet dabei gelegentlich auch bisher unbekannte Wege. Hier trifft sie nicht selten auf Artgenossen, die in der Regel von einer solchen Begegnung nicht entzückt sind und ihr das unmissverständlich zu verstehen geben. Nicht selten baldowert sie auf derartigen Entdeckungsreisen aber auch neue, oft vielversprechende Jagdgebiete aus, was für eine wild lebende Katze überlebenswichtig sein kann.

Junge Katzen, die noch dabei sind, ihr eigenes Revier zu etablieren, gehen regelmäßig auf Tour, um die an ihr derzeitiges Revier angrenzenden Bereiche kennenzulernen und die Reviergrenzen möglicherweise neu abzustecken und zu erweitern. Dieses Explorationsverhalten ist auch typisch für Katzen, die nach einem Umzug mit ihrer Familie fremdes Terrain betreten. Sie erkunden das Umfeld ihres Heimbezirks erst allmählich, wobei sie ihre Tagestouren Schritt für Schritt immer weiter ausdehnen.

19. Reviergröße: Wie groß ist das Revier einer Katze für gewöhnlich?

?

Die Größe der Reviere kann sehr unterschiedlich sein und hängt vom Wohnort und den Lebensumständen der Katze ab. Eine Katze, die auf einem Bauernhof oder halb verwildert in einem abgelegenen Gebiet lebt, kann ein Revier von fünf bis zehn Hektar für sich beanspruchen, für einzelne Kater hat man schon Reviergrößen von mehr als 60 Hektar nachgewiesen. Dabei ist natürlich vom Jagd- und Streifgebiet die

1 *Hoch hinaus: Von erhöht liegenden Aussichtspunkten registriert die Katze jede Bewegung und Veränderung in ihrem Revier.*

2 *Erkundungstour: Regelmäßig starten Katzen zu Streifzügen durch die angrenzenden Bereiche des heimatlichen Reviers.*

Rede, nicht vom Revier 1. Ordnung, dem eigentlichen Zuhause einer Katze (→ Seite 24). Familienkatzen mit Freigang, die in einer Vorstadtsiedlung zu Hause sind, bewegen sich hingegen im Allgemeinen nur im Umkreis der benachbarten Gärten und Haushöfe. Bei ihnen ist die Reviergröße nicht vom Vorkommen an Beutetieren abhängig, die einer wild lebenden Katze das Überleben sichern. Ihre Mahlzeiten bekommen die Stubentiger mit Auslauf schließlich bequem im Napf serviert. Das Revier dient für soziale Kontakte mit Artgenossen sowie zum gelegentlichen Ausleben ihrer Jagdlust. Bei reinen Wohnungskatzen endet das Revier zwangsläufig an der Wohnungstür und wird höchstens noch durch einen Balkon erweitert. Hier zeigt sich die enorme Anpassungsfähigkeit der Katze: Obwohl von Natur aus Jägerin der Savannen und Halbwüsten, kommt sie selbst in einem Ein-Zimmer-Apartment zurecht, ohne dabei erkennbar unter der räumlichen Enge zu leiden – die richtige Ausstattung der Wohnung (→ Seite 36) sowie ausreichende Beschäftigung natürlich vorausgesetzt.

Noch beschränkt sich die Konfrontation der beiden Kater aufs Androhen.

20. Revierkämpfe: Erkämpfen sich die stärksten Kater und Kätzinnen die größten Reviere? ?

Das ist zwar häufig der Fall, muss aber nicht immer zutreffen. Bei den Revierkämpfen legen die beiden Kontrahenten nur ihre Rangordnung an einem ganz bestimmten Platz fest, nämlich dort, wo der Kampf stattgefunden hat. Manchmal gilt die so erfochtene Rangabfolge sogar nur für eine bestimmte Tageszeit. Im Obstgarten kann also Katze Linda gegenüber Kater Charly die Oberhand haben, während das Dominanzverhältnis auf der unmittelbar angrenzenden Wiese möglicherweise genau umgekehrt ist – je nachdem, wie das Kräftemessen an diesen Plätzen ausgegangen ist. Das heißt mit anderen Worten, dass es unter den Katzen keine absolut und auf Dauer gültige Rangordnung gibt, folglich auch keine Katze das Recht des Stärksten beanspruchen kann. Körperliche Fitness und Überlegenheit spielen bei der Revierverteilung sowieso nicht die alleinige Rolle. Entscheidend sind auch Faktoren wie Selbstbewusstsein und individuelles Temperament sowie eher zufällige Gegebenheiten, etwa wie viele Katzen in der Gegend leben oder wer die älteren Platzrechte besitzt.

21. Revierkontrolle: Unser Peter geht gern raus, steht aber oft nach wenigen Minuten wieder vor der Tür. Warum weiß er nicht, was er will? ?

Katzen machen regelmäßig Stippvisiten im Revier, um dann gleich wieder zur Basis, dem Heim 1. Ordnung (→ Seite 24), zurückzukehren. Die kurzen Patrouillengänge reichen offenbar aus, um sie über aktuelle Ereignisse in der Katzennachbarschaft zu informieren. Vor allem bei Schmuddelwetter schätzen es die Samtpfoten nicht, länger als unbedingt nötig draußen zu sein. Erforderlich sind die kurzen Intervalle zwischen den Patrouillengängen aber auch, weil das Nachrichtensystem der Katzen untereinander vor allem über

Duftmarken funktioniert und diese Mitteilungen sehr schnell an Intensität verlieren, kaum dass sie abgesetzt wurden. Zum einen erfährt Ihr Peter an der Geruchskonzentration fremder Markierungen, wann deren Urheber hier aktiv waren, zum anderen dienen ihm die Stippvisiten im Freien dazu, eigene Duftmarken aufzufrischen. Also bleibt ihm nichts anderes, als immer wieder an der Tür zu stehen. Sehr viel leichter läuft es mit einer Katzenklappe, die Peter selbstständig bedienen kann. Und Sie müssen dann auch nicht länger den Türöffner spielen.

22. Revierkontrolle – Aussichtsplätze: Unsere Katzen sitzen im Garten häufig auf erhöhten Plätzen. Ist das Zufall? ?

Das ist kein Zufall, sondern gehört zum typischen Verhalten der Katze. Alle Katzen lieben es, auf erhöhten Aussichtsplätzen, den sogenannten Warten, zu sitzen. Dort fühlen sie sich sicher und können zugleich weite Teile ihres Reviers überblicken. In ihnen steckt nach wie vor das Erbe ihrer wild lebenden Vorfahren, für die erhöht liegende Plätze eine Lebensversicherung darstellten, weil sie von hier anschleichende Raubtiere rechtzeitig entdecken konnten. Hauskatzen müssen nicht mehr vor gefährlichen Fressfeinden auf der Hut sein, aber auch eine unbefugt ins eigene Revier eindringende Nachbarkatze hat man von einer Warte früher im Visier und kann sich auf den gebührenden »Empfang« vorbereiten. Auch in der Wohnung sollten Sie Ihren Katzen mehrere erhöht liegende Sitzplätze schaffen.

23. Revierstreitigkeiten: Wie vermeiden Katzen im Revier Zoff mit ihren Artgenossen? ?

Den eigenen Tagesablauf so gestalten, dass man jede direkte Begegnung mit den Katzen der Nachbarschaft möglichst vermeidet: Das ist die wichtigste und beste Strategie, um Kämpfen aus dem Weg zu gehen. Weil alle Katzen ein ausgeprägtes Zeitgefühl (→ Info, Seite 26) haben, fällt es ihnen leicht, sich bei den Patrouillen durchs Revier an einen festen Stundenplan zu halten. Das kann zum Beispiel so aussehen: Kater Alfie nutzt Abschnitt 1 seines Reviers von 9 bis 12 Uhr, danach hat hier Kater Bingo das Wegerecht. Alfie achtet darauf, dass er rechtzeitig das Feld räumt, während Bingo nicht vor der Mittagszeit auftaucht. Zuwiderhandlungen führen meist zu lautstarkem Protest, worauf die »vertragsbrüchige« Katze in der Regel den Rückzug antritt. Die Katze mit dem aktuellen Wegerecht sieht in diesem Fall meist demonstrativ weg, um der anderen Gelegenheit zu geben, von der Bildfläche

WANN ZUM TIERARZT?

Die Blessuren aus Revierkämpfen sind meist nur geringfügig und heilen in der Regel von selbst. In den folgenden Fällen aber sollten Sie Ihre Katze zum Tierarzt bringen:

BEFUND	SYMPTOME
Wunden	Stark blutende Wunden und Wunden, die tief durch die Haut gehen
	Kleinere Verletzungen und Wunden, bei denen nach zwei bis drei Tagen keine Besserung eintritt und sich der Wundbereich womöglich entzündet
Kratzer	Kratzer im Augenbereich, vor allem, wenn durch Krallenhiebe die Nickhaut verletzt wurde
Abszesse	Deutlich tastbare Abszesse, die sich nach einem Kratzer oder Biss unter der Haut bilden
Unspezifische und allgemeine Krankheitsanzeichen	Bewegungsunlust, anhaltende Appetitlosigkeit, apathisches Verhalten, Abwehrreaktionen beim Anfassen oder beim Hochheben

zu verschwinden. Überdies halten sich Katzen gegenseitig auf dem Laufenden, wer gerade wo unterwegs ist, indem sie ihre Duftmarken (→ Seite 20) setzen. Ein vorbeikommender Artgenosse erkennt an der Intensität des Geruchs das Alter der Markierung und kann daraus ablesen, ob sich der Urheber noch in der Nähe befindet oder nicht.

24. Streunen: Neigen eigentlich die Kater eher zum Streunen als Kätzinnen? ?

Beim Streunen handelt es sich um Ausflüge unserer Katzen, die länger als üblich dauern oder von denen sie nicht spätestens zur gewohnten Futterzeit wieder nach Hause kommen. Solche Aktionen bereiten den Katzenhaltern verständlicherweise ernste Sorgen. Besonders häufig streunen Katzen in der Paarungszeit: Die rolligen Kätzinnen machen sich auf die Suche nach dem Kater ihres Herzens, und die Herren der Schöpfung wandeln auf Freiersfüßen. Die heiße Zeit der Liebe kann sich über viele Tage erstrecken, in denen man sich nur sporadisch zu Hause blicken lässt, wenn überhaupt. Erst wenn das sexuelle Interesse abgeklungen ist, kehrt die Häuslichkeit zurück. Unter den kastrierten Katzen sind die Kätzinnen normalerweise stärker ans Haus gebunden als die Kater und entfernen sich schon allein wegen ihrer kleineren Reviere weniger weit von zu Hause. Kastrierte Kater streunen zwar weniger als ihre potenten Geschlechtsgenossen, ab und zu kommt es aber doch vor, dass aufregende Ereignisse im Revier so fesselnd sind, dass man darüber glatt das Heimkommen vergisst. Das kann zum Beispiel eine Versammlung der ansässigen »Bruderschaft« sein (→ Seite 14), die man als Kater keinesfalls versäumen möchte. Vor allem die jüngeren Kater neigen dazu, sich stärker aushäusigen Interessen zu widmen, als gemütlich auf dem Sofa zu liegen. Falls auch Ihr Kater zu dieser Kategorie der Teilzeitvagabunden gehört, sehen Sie es ihm nach!

25. **Wohnungshaltung: Wir hätten gern eine Katze, leben aber in einer Etagenwohnung und könnten ihr keinen Auslauf bieten. Müssen wir auf die Haltung verzichten?** ?

Eine Katze kann sich auch in einer Etagenwohnung wohlfühlen – vorausgesetzt, einige Grundbedingungen werden erfüllt. In puncto Größe ihres Lebensraums sind Katzen nämlich außerordentlich anpassungsfähig. Wenn sie nicht selbst durch die Jagd auf Beutetiere für ihre Ernährung sorgen müssen, begnügen sie sich auch mit einer kleineren Wohnung. Deren katzengerechte Ausstattung (→ Seite 36) muss selbstverständlich gewährleistet sein und Grundbedürfnisse wie Fressen, Schlafen und Kratzen erfüllen. Mindestens ebenso wichtig für das Wohlbefinden einer Katze ist die regelmäßige Beschäftigung, damit sie in ihrem begrenzten Wohnungsrevier nicht unter Langeweile leidet. Gegen Langeweile gibt es nur ein Mittel: Das ist kein Berg immer neuer Spielsachen, sondern einzig und allein ein menschlicher Spielpartner, der sich stets wieder etwas Neues und Aufregendes einfallen lässt, um seine vierbeinige Freundin anzuspornen und zum Mitmachen zu animieren. Zur ausschließlichen Haltung in der Wohnung sollten Sie sich also nur dann eine Katze anschaffen, wenn Sie bereit sind, sich täglich ausgiebig mit ihr zu beschäftigen. Berufstätige Singles, die morgens das Haus verlassen und erst am Abend heimkommen, sind dafür denkbar ungeeignet. Als Wohnungskatze sollten

EXTRATIPP

Nach Umzug sofort Freigang erlauben?
Wenn die Katze an Auslauf gewöhnt ist, will sie auch im neuen Domizil schnell nach draußen. Sie erkundet die Umgebung und trifft auf ortansässige Artgenossen. Jetzt muss sie sich ihr Revier erstreiten. Das geht oft nicht ohne Imponieren, Fauchen und Kämpfen ab. Lassen Sie anfangs die Tür offen, damit die Katze bei Bedarf ins Haus flüchten kann.

DIE KATZENGERECHTE WOHNUNG

Damit sich Katzen, die nicht ins Freie dürfen, auch auf der begrenzten Fläche einer Wohnung wohlfühlen, muss die Wohnung mit einigen speziellen Dingen ausgestattet sein und

FUTTERNAPF

Standfest und aus leicht zu reinigendem Porzellan oder Metall. Eine Gummiunterlage sorgt dafür, dass der Napf am Platz bleibt.

TRINKNAPF

Auf wischfeste Unterlage stellen, da Katzen beim Trinken oft herumspritzen. Die Wasserschüssel sollte nicht unmittelbar neben dem Futternapf stehen.

KATZENGRAS

Katzengras (Fachhandel) in eine flache Schale setzen und regelmäßig gießen. Das Gras erleichtert das Auswürgen verschluckter Haare.

KRATZBAUM ODER KRATZBRETT

Mit einer Sisalschnur umwickeltes, stehendes Rundholz oder senkrecht angebrachtes Brett, an dem Mieze nach Herzenslust ihre Krallen wetzen kann.

RUHELAGER IN DER NÄHE DES MENSCHEN

Ein eigenes Kissen auf dem Sofa, eine warme Decke auf dem Stuhl oder ein Körbchen auf dem Schreibtisch – Katzen wollen gern in unmittelbarer Nähe ihrer Menschen Siesta halten.

KATZENTOILETTE

Ob offen oder mit Haube, die Toilette muss groß genug sein und immer zugänglich. Etwas abseits aufstellen und nicht nahe dem Futterplatz. Jede Katze hat ihre eigene Toilette.

den Bedürfnissen der Wohnungskatze entsprechen. Das ist eine der zentralen Voraussetzungen für das reibungslose und harmonische Zusammenleben von Katze und Mensch.

OFFENE ZIMMERTÜREN

Türen kommen in natürlichen Katzenrevieren nicht vor, schon gar keine geschlossenen. Lassen Sie daher in der Wohnung so viele Türen offen, wie es vertretbar ist.

AUSSICHTSPLÄTZE

Katzen überblicken ihr Revier gerne von erhöhten Plätzen. Ideal sind Sitzpolster in Regalen, auf Schränken oder Fensterbrettern. Eventuell Aufstiegshilfe (Seil, Treppchen) anbieten.

KLETTER- UND BALANCIERMÖGLICHKEITEN

Katzen leben nicht nur am Boden. Ein dickes und möglichst straff gespanntes Seil animiert zum Balancieren, auch über Treppen und Laufstege lässt sich die 3. Dimension erobern.

HÖHLEN UND VERSTECKE

Ob Plüschhöhle, kuschelige »Schlummertüte« oder der mit Kissen ausgelegte Umzugskarton mit einer seitlichen Öffnung – Katzen brauchen Rückzugsplätze und Verstecke.

SPIELZEUG

Hält Körper und Kopf fit, schützt vor Langeweile. Kleinteile können verschluckt werden; Spiel mit Bändern oder Wolle nur unter Aufsicht.

GEFAHRENSICHERUNG

Treppen und Balkon (Katzennetz) sichern; Kippfenster nicht unbeaufsichtigt offen lassen; kein offenes Feuer, keine spitzen Gegenstände und keine giftigen Zimmerpflanzen.

Balancierseil und Kletterbaum halten die Wohnungskatzen fit.

Sie vorzugsweise eine Katze wählen, die zuvor keinen Freilauf hatte. Ein Tier, das die »große weite Welt« nie zuvor kennengelernt hat, wird sie selbst dann nicht vermissen, wenn es durchs Fenster das Treiben der Kleintiere und Vögel im Garten beobachten kann. Wo hingegen die Umstände dazu zwingen, eine bisherige Freigänger-Katze zum Leben in der Wohnung umzuerziehen, muss man mit Unverständnis und Widerstand rechnen und viel Geduld und Konsequenz investieren. Und selbst dann ist der Erfolg ungewiss. Wer tagsüber häufig außer Haus ist, sollte über die Anschaffung einer zweiten Katze nachdenken. Auch wenn anfangs oft Antipathie die Szene bestimmt, ist Langeweile bei zwei Katzen im Haus ein Fremdwort.

Ideal ist es, von Beginn an Kätzchen »im Doppelpack« zu sich zu nehmen. Am besten eignen sich dafür Wurfgeschwister. Bei den gleichaltrigen, miteinander gut vertrauten Kätzchen gibt es keine Zwistigkeiten, die Eingewöhnung ins neue Domizil macht weniger Probleme, und zu zweit fällt allemal auch das Warten leichter, bis der Mensch wieder nach Hause kommt. Wenn Sie mit einer Rassekatze liebäugeln, sollten Sie sich bereits im Vorfeld über die typischen Charaktereigenschaften der verschiedenen Rassen informieren. Es gibt Rassen, die möglichst jeden Tag Auslauf brauchen, um sich wohlzufühlen, wie die Amerikanisch Kurzhaar, die Norwegische Waldkatze, die Sibirische Katze oder die Türkisch Angora. Andere sind deutlich weniger bewegungsfreudig und kommen auch mit reiner Wohnungshaltung gut zurecht. Dazu zählen zum Beispiel die Kartäuser, die Exotisch Kurzhaar und die Perserkatzen.

26. Wohnungsrevier: Unterscheidet auch eine Katze, die ausschließlich in der Wohnung lebt, verschiedene Revierzonen? ?

Wie jede Katze unterteilt auch eine reine Wohnungskatze ihren Lebensraum in ein Heim 1. Ordnung und einen Revierbereich, der sich daran anschließt. Ausschlaggebend ist dabei nicht die Fläche des Areals, sondern seine Nutzung. Der Ruhe- und Schlafplatz, an dem sich die Katze sicher fühlt, ist ihr eigentliches Zuhause, also das Heim 1. Ordnung. Das kann ein ganzer Raum sein oder nur eine Zimmerecke, im Extremfall – wenn sich zum Beispiel mehrere Katzen ein einziges Zimmer teilen müssen – sogar nur das eigene Schlafkörbchen. Die übrigen Zimmer, Flure und Treppen der Wohnung haben dann die Funktion des inneren Reviers (→ Seite 21), wo sich die Katze gut auskennt und bestimmte Plätze für verschiedene Tätigkeiten nutzt. Hier stehen Futternapf und Toilette, hier gibt es den Kratzbaum und ihre Spielsachen.

Jagen

Katzen liegt die Jagd im Blut. In diesem Kapitel finden Sie die häufigsten Fragen und Antworten zu den verblüffenden Leistungen, die Hauskatzen beim Jagen vollbringen, und wie sie in der Wohnung Ersatzbeschäftigungen finden.

27. Beute packen: Fängt eine Katze ihre Beute mit den Zähnen oder mit den Krallen?

?

Es kommt zwar gelegentlich vor, dass die Katze Mäuse und andere kleine Beutetiere, die ihr gewissermaßen direkt vors Maul laufen, gleich mit den Zähnen packt, doch das ist nicht die Regel. Normalerweise schlägt die Jägerin zuerst die weit ausgefahrenen Krallen einer Vorderpfote in das Opfer, zieht es an sich heran und fasst erst dann mit den Zähnen zu. Gar nicht ohne Einsatz der Pfoten kommt die Katze zurecht, wenn sich das Beutetier in einem Loch oder einer engen Ritze verkrochen hat. Dann steckt Mieze eine Pfote so weit wie möglich hinein und versucht die Beute mit ihren Krallenhaken zu erwischen und herauszuziehen. Bei dicken Insekten oder auch kleinen Vögeln, also bei flugfähigen Beutetieren, wandelt die jagderfahrene Katze ihre Taktik ab: Sie springt ihr Opfer an, schlägt es mit den Vorderpfoten nach unten und drückt es mit beiden eng zusammengehaltenen Pfoten auf den Boden. Die Pfoten halten so lange fest, bis die Katze die Beute mit den Zähnen gepackt hat.

28. Beutetiere – Insekten: Unser Kater fängt mit Begeisterung Schmetterlinge und Fliegen. Ist das normal für eine Katze?

?

Katzen sind generell Gelegenheitsjäger, die allem hinterherjagen, was ihren Jagdtrieb auslöst und von der Größe zwischen ihre Zähne passt. Dazu gehören auch dicke Insekten wie Heupferdchen. Fliegen und Schmetterlinge sind allerdings nicht besonders nahrhaft, sodass eine »ernsthaft« jagende Bauernhofkatze wohl kaum ihre Zeit und Energie mit der Jagd auf solche »Kinkerlitzchen« vergeuden wird. Anders bei der gut versorgten Familienkatze, die nicht jagt, um den Hunger zu stillen, sondern um ihren Jagdtrieb abzureagieren. Je stärker sich dieser Trieb aufstaut, desto unähnlicher kann der auslösende Reiz einer

Maus sein, bis die Katze schließlich jedes kleine, sich bewegende Objekt anspringt. Die Biologen sprechen vom »Stauungsspiel an Ersatzobjekten«. Manche Wohnungskatze macht sogar Jagd auf imaginäre Fliegen. Neurotisch sind solche an die Wand springenden und mit den Pfoten schlagenden Katzen also nicht.

29. Beutetiere – Ratten: Warum fürchten sich viele Katzen vor Ratten?

Wenn Ratten um ihr Leben kämpfen, kann es für die Katzen gefährlich werden. In Todesangst springen die wehrhaften Nager selbst Feinde an, die viel größer sind als sie selbst, oft mitten ins Gesicht. Ihre spitzen

DIE BEUTETIERE DER KATZE

LEBENSWEISE	BEUTETIERE
Bauernhofkatze	Fängt zu 90–95 % Mäuse, gelegentlich vielleicht auch ein junges Kaninchen oder eine Forelle aus dem Fischteich. Vögel werden nur selten erbeutet. Gleiches gilt für Wiesel, Maulwürfe und Spitzmäuse.
Wild lebende Stadtkatze	Mäuse und Ratten, Tauben und Kleinvögel, Abfälle und Speisereste aus Abfallkörben und Mülltonnen. Manchmal Zufütterung durch Spaziergänger. In Hafenstädten leben die Katzen auch von Fischresten.
Familienkatze mit Auslauf	Je nach Streifgebiet überwiegend Mäuse. Wo Mäuse fehlen, gehören Singvögel zum Beutespektrum; dazu gelegentlich Tauben, Eichhörnchen, Spitzmäuse, Zierfische aus Gartenteichen, Frösche, Libellen, Schmetterlinge, Käfer und Spinnen.

Hauskatzen erbeuten vor allem Feldmäuse *(Microtus arvalis)* und Hausmäuse *(Mus musculus)*, vereinzelt auch Waldmäuse *(Apodemus sylvaticus) und* Gelbhalsmäuse *(Apodemus flavicollis)*. Spitzmäuse (→ Seite 63) werden nicht gefressen.

und kräftigen Zähne schlagen tiefe Wunden. Das ist nicht nur schmerzhaft, sondern hat für eine Katze speziell im Bereich von Augen, Ohren und Nase fatale Folgen, da in Mitleidenschaft gezogene Sinnesorgane sie bei der Jagd beeinträchtigen. Darüber hinaus passt ein Tier, dass sich gegen sie wendet, nicht ins Beuteschema der Jägerin. Meist machen nur Katzen, die ihre Mutter bei der Rattenjagd beobachten konnten, später selbst Jagd auf die großen Nager. Alle anderen lassen die Pfoten von dieser gefährlichen Beute.

30. Beutetiergröße: Was sind die größten Tiere, die Hauskatzen erbeuten können? ?

Körperlich ist eine Hauskatze durchaus in der Lage, selbst Tiere zu erbeuten, die so groß sind wie sie selbst. Doch ihr Jagdverhalten ist besonders an das Fangen kleiner Nagetiere angepasst, ersatzweise auch kleiner Vögel oder anderer Kleintiere bis etwa Mäusegröße. Mutige und jagderfahrene Katzen erbeuten auch Tauben oder die wehrhaften Ratten. Nur wenige, vor allem große und kräftige Kater, trauen sich auch an ein ausgewachsenes Kaninchen oder einen Fasan. Auf noch größere Beutetiere machen Katzen nur sehr selten Jagd. Es gibt Filmaufnahmen von einem stattlichen Maine-Coon-Kater, der ein Rehkitz tötet. Das ist jedoch eine absolute Ausnahme, unsere normalen Hauskatzen begnügen sich mit Mäusen und anderen Beutetieren, die sich relativ leicht überwältigen lassen.

31. Erleichterungstanz: Was hat es mit dem sogenannten Erleichterungstanz nach einer erfolgreichen Jagd auf sich? ?

Hat die Katze ein Beutetier überwältigt, dann muss sie schon sehr ausgehungert sein, um es auf der Stelle zu fressen. In der Regel wendet sie sich erst einmal davon ab, läuft umher, beschnuppert den Boden und putzt sich vielleicht sogar. Das alles hilft ihr, die Anspannung der Jagd abzubauen. Dann packt sie die Beute und trägt sie herum, lässt sie aber bald erneut liegen und beschäftigt sich mit etwas anderem – so lange, bis ihre Erregung abgeklungen ist. War die Jagd für sie besonders aufregend, weil ihre Beute groß und wehrhaft war oder weil sie selbst nur wenig Jagderfahrung hat, reicht das nicht aus, um ihr Nervenkostüm zu beruhigen. In solchen Fällen führt die Katze einen regelrechten Tanz um die erlegte Beute auf. Sie verschafft sich in wilden Bocksprüngen Erleichterung, reitet Scheinattacken, packt das tote Tier immer wieder mit den Krallen und wirft es in die Luft. Erst wenn sich die innere Spannung im Erleichterungstanz gelöst hat, trägt die Katze ihre Beute an einen sicheren Platz, um sie dort zu fressen.

32. **Fischfang: Wenden Katzen eine spezielle Jagdtechnik an, um Fische aus einem Bach oder Teich zu fangen?** ?

Für die allermeisten Katzen ist es ein Gräuel, nass zu werden. Nachdem Fische aber nun mal im Wasser schwimmen, wenden Katzen bei der Fischjagd eine Taktik an, mit der sie ihre Beute vom trockenen Ufer aus erwischen können. Die Jägerin lauert am Ufer eines Bachs oder Teichs darauf, dass sich ein Fisch dicht unter der Oberfläche dem Rand des Gewässers nähert. Dann geht alles blitzschnell: Sie taucht ihre Pfote ins Wasser, angelt mit weit ausgefahrenen

Wehe dem Goldfisch, der dem Teichufer zu nahe kommt: Fast alle Katzen erweisen sich als sehr geschickte Fischfänger.

Krallen nach der Beute und befördert sie mit viel Schwung über die Schulter ans Ufer. Der Rest ist Formsache: Die erfolgreiche Fischjägerin dreht sich um und springt nach dem auf dem Trockenen zappelnden Fisch wie nach einer Maus.

33. Jagd – Fehlversuche: Wie erfolgreich sind Katzen bei der Jagd, und wie oft haben sie dabei das Nachsehen? ?

Wie lange eine Katze braucht, bis sie eine passende Beute aufgespürt hat, hängt natürlich von der Häufigkeit ihrer Vorzugsbeutetiere ab. In einer Gegend, in der nur sehr wenige Mäuse leben, muss eine Katze

KLEINE JAGDSPIELE

Es braucht weder teures Spielzeug noch große Vorbereitung, damit Mensch und Katze Spaß am gemeinsamen Spiel haben. Diese einfachen Spielobjekte begeistern jede Katze.

SPIELZEUG	BASTEL- UND SPIELANLEITUNG
Papierbällchen	Schreib- oder Zeitungspapier (keine Alufolie!) zerknüllen und flach über den Boden durchs Zimmer werfen.
Weinkorken	Korken über den Boden kullern lassen oder mit den Fingern wegschnippen.
Weidenrute	Weidenrute bis auf ein Blätterbüschel an der Spitze entlauben; mit der Rute wippen oder sie in schnellen Zickzack-Bewegungen über den Boden ziehen.
Angel	Bindfaden an einen Zweig oder eine Holzleiste knoten und daran Papierknäuel, Vogelfedern, Wollfäden oder Ähnliches befestigen. Die Angel vor der Katze in der Luft tanzen lassen.
»Schlange«	Stoffband, Karnevalsluftschlangen oder Schnürsenkel schlängelnd über den Boden ziehen.

nicht selten die halbe Nacht lang auf die Pirsch gehen, um überhaupt ein paar Nagetiere aufzuspüren. Im Jagdparadies einer mit Mäusen gesegneten Bauernwiese hingegen kann die Jägerin ohne allzu große Anstrengung mehrmals in der Stunde Erfolg haben. Mit dem Aufspüren allein ist es allerdings nicht getan, man muss die Maus auch erwischen. Mäuse haben viele Fressfeinde und sind immer auf der Hut. Meist entfernen sie sich nur so weit von ihrem Mäuseloch, dass sie im Ernstfall sofort unter der Erde verschwunden sind. Vor allem bei ungeduldigen Jägerinnen, die nicht abwarten können, bis sich ihr Opfer weit genug vom Eingang seines Baus entfernt hat, ist der Jagdzug nicht selten »für die Katz«. Langzeitstudien der Verhaltensforscher belegen, dass selbst erfahrene Katzen bei der Jagd auf die kleinen Nager nur bei jedem zweiten bis vierten Ansitzen zum Beuteerfolg kommen. Und manchmal geht ihnen selbst danach noch eine Maus durch die Lappen, weil die sich totstellt und in einem unbewachten Moment entwischt.

34. **Jagdlust und Hunger: Jagen Katzen nur, wenn sie hungrig sind?** ?

Der Funktionskreis Jagen besteht bei der Katze aus mehreren voneinander unabhängigen Verhaltenselementen: dem Suchen, Anschleichen, Fangen, Töten und Fressen. Dabei ist nur das Fressen davon abhängig, ob die Katze satt oder hungrig ist. Alle anderen sind Triebhandlungen, die völlig unabhängig von der Magenfüllung ablaufen. Mit anderen Worten: Auch der regelmäßig gefütterte Stubentiger geht auf die Jagd, nicht selten sogar direkt nach einer ausgiebigen Mahlzeit am heimischen Futternapf. Das gilt genauso für Bauernhofkatzen, deren »Job« darin besteht, Haus und Hof mäusefrei zu halten. Sie jagen auch, wenn sie regelmäßig gefüttert werden, sind dank des vollen Futternapfs aber stärker an den Hof gebunden und halten sich mehr in dessen Nähe auf.

35. Jagdspiel – Ersatzobjekte: Muss ich Fell- und Plüschmäuse einsetzen, um meine Katze zu Jagdspielen zu animieren?

Ihrer Katze ist es egal, wie das Spielobjekt aussieht. Hauptsache, es ist etwa so groß wie ein potenzielles Beutetier, möglichst griffig und bewegt sich oder lässt sich durch Pfotenschläge vorwärtstreiben. Ein Bällchen aus Zeitungspapier, der Weinkorken, ein weicher Gummiball oder das altbekannte Wollknäuel tun es also auch. Besonders reizvoll ist ein Spielzeug dann, wenn Mieze es nicht selbst anschubsen muss, sondern wenn es vom mitspielenden Menschen zum Leben erweckt wird. Dagegen kommt auch die schönste, aber nur still in der Ecke liegende Fellmaus nicht an.

36. Jagdspiel – erwachsene Katze: Kätzchen spielen gern. Warum aber begeistern sich auch erwachsene Katzen noch für Jagdspiele, selbst dann, wenn sie regelmäßig jagen?

Jagen ist für alle Katzen gleichsam ein Hochleistungssport. Die Jagd verlangt beachtliche körperliche Kräfte und außerordentliche Geschicklichkeit. Ein Fußballspieler setzt seine Fähigkeiten nicht nur während der 90 Minuten im Spiel gegen die Liga-Konkurrenz ein, er muss auch in der spielfreien Zeit täglich trainieren, um sich fit und einsatzfähig zu halten. Die Katze als professionelle Jägerin macht es nicht anders: Auch für sie kommt es auf Fitness, Reaktionsschnelligkeit und Ausdauer an – Fertigkeiten, die man nicht oft genug trainieren kann. Gerne im Spiel, nicht zuletzt, weil Jagd und Jagdspiele den gleichen Trieb befriedigen. Wildkatzen, aber auch Bauernhofkatzen, müssen ihren Lebensunterhalt durch die Jagd bestreiten. Ein strapaziöses und langwieriges Geschäft, bei dem aber Fitness und Fähigkeiten der Jägerinnen automatisch in Bestform bleiben. Die Fraktion der Sofatiger ist von diesem Lebenswandel meilenweit entfernt und wird von ihren sporadischen Jagdausflügen alles andere als ausgelastet. Verständlich, dass jungen wie erwachsenen Wohnungskatzen die vom Spielpartner Mensch geschwenkte Spielangel gerade recht kommt.

37. **Jagdspiel – gehemmtes Spiel: Manchmal zeigt meine Fini nur wenig Interesse, wenn ich ihre Katzenangel schwenke, nach der sie sonst begeistert springt. Woran liegt das?** ?

Selbst Katzen wollen nicht immer spielen. Vielleicht ist Fini müde, oder ihr steht der Sinn nach Fressen, Fellpflege oder Schmusen. Ihre halbherzige Reaktion drückt aus, dass sie das Spiel nicht besonders reizt und sie nicht bei der Sache ist. Die Verhaltensbiologen sprechen hier vom »gehemmten Spiel«. Das lässt sich immer dann beobachten, wenn ein Beutetier oder ein Spielzeug relativ unattraktiv für die Katze ist oder ihre aktuelle Gemütslage nicht zur Jagd oder einem Jagdspiel passt. Die Gründe dafür sind für den Halter nicht immer offensichtlich. Neben den oben erwähnten kann die Katze auch durch andere, interessantere Situationen abgelenkt sein, oder sie ist verunsichert, weil ihr die Umgebung fremd ist oder eine andere Katze zuschaut. Nehmen Sie Rücksicht auf die Stimmung Ihrer Katze und verschieben Sie das Angelspiel einfach auf den nächsten Tag.

EXTRATIPP

Die Katze zum Jagdspiel animieren
Um eine Katze für Jagdspiele zu begeistern, muss man ein Spielobjekt vor ihren Augen bewegen. Den stärksten Reiz übt es auf Mieze aus, wenn es sich wie ein echtes Beutetier bewegt, also nicht zu langsam, aber auch nicht zu schnell, und natürlich nicht direkt auf die Katze zu (was auch keine Maus macht), sondern quer zu ihr oder von ihr weg.

38. Jagdspiel – Triebstau: Warum lässt sich fast jede Wohnungskatze für Spiele begeistern, bei denen sie etwas fangen kann?

?

Bei wild lebenden Katzen ist die Jagd ein zentraler Teil ihres Alltags. Ihr Leben und Überleben hängt unmittelbar von dem ab, was sie täglich erbeuten. Nicht selten sind sie dafür viele Stunden unterwegs und legen große Strecken zurück, um ihre Jagdgründe zu erreichen. Mit anderen Worten: Wilde Katzen haben keinen Mangel an Bewegung und dazu noch den Thrill der Jagd. Der Tag unserer umsorgten und verwöhnten Wohnungskatzen hingegen besteht nur aus Fressen, Dösen, Schlafen und Warten auf die nächste Mahlzeit. Wenn sie könnten, würden sie wahrscheinlich Däumchen drehen. Da wundert es nicht, dass eine gesunde Katze jede Gelegenheit zu sportlicher Bewegung begeistert wahrnimmt. Zumal die Natur sie mit einem Jagdtrieb (→ Seite 51) ausgestattet hat, der sich zunehmend mehr aufstaut, wenn er nicht ausgelebt werden kann. Es ist daher eine Erleichterung für die Katze, wenn dieser Triebstau durch Jagdspiele immer wieder abgebaut wird. Nicht zuletzt stellt es für jeden Stubentiger ein wichtiges Erfolgserlebnis dar, wenn er es nach vollem Körpereinsatz und wilden Sprüngen endlich geschafft hat, die »Beute« zu erwischen. Und Erfolgserlebnisse kann man auch als Katze nie genug haben.

INFO

Können Katzen von Mäusen leben?
Genügend Mäuse gibt es zumindest im städtischen Umfeld kaum noch. Doch Katzen sind Gelegenheitsjäger und nehmen alles, was ihnen vor die Krallen läuft, auch Speiseabfälle und Aas. Ohne Zufütterung riskieren Sie jedoch, dass Mieze ihre Bindung an Sie und ihr Zuhause verliert. Auch Katzen mit Freigang müssen daher regelmäßig gefüttert werden.

39. Jagdtrieb – Auslöser: Welche Reize können den Jagdtrieb der Katze auslösen?

Für Wohnungskatzen sind Aktionsspiele ideal, um ihren Jagdtrieb abreagieren zu können.

Von körperlicher Ausstattung und Verhalten sind Katzen vor allem an die Jagd auf kleine und am Boden lebende Nagetiere angepasst. Es entspricht folglich den natürlichen Gegebenheiten, wenn der Jagdtrieb schlagartig durch Objekte ausgelöst wird, die sich am Boden bewegen und ungefähr die Größe einer Maus haben. Katzen sind allerdings nicht ausschließlich auf Mäuse spezialisiert, sondern machen auch Jagd auf jede andere Beute, die sie überwältigen können – selbst wenn die nicht am Boden lebt und nicht wie eine Maus aussieht. Je stärker sich der Jagdtrieb bei einer Katze aufgestaut hat, die längere Zeit nicht auf die Jagd gehen konnte, desto geringer kann der Reiz sein, der ihren Jagdtrieb auslöst. Oder anders formuliert: desto unähnlicher kann er einer Maus sein. Dann genügt zum Beispiel schon eine Fliege, ein an der Wand tanzender Lichtpunkt oder ein vom Wind verwehtes Papier.

40. Jagdtrieb dämpfen: Können Katzen ihren Jagdtrieb allein im Jagdspiel abreagieren? ?

Was wir als »Jagdtrieb« bezeichnen, ist eigentlich eine Abfolge mehrerer verschiedener Triebhandlungen. Dazu gehören das Auflauern, Fangen, Zubeißen und schließlich Töten und Heimtragen der Beute. Diese Komponenten des Jagdtriebs können alle auch einzeln aufgestaut und einzeln abreagiert werden. Daher muss beim Spielen auch nicht immer eine komplette Jagdszene ablaufen. Es genügt zum Beispiel vollauf, dass Ihre Mieze ein paar Minuten nach der Katzenangel springt (Fangen), anschließend darauf wartet, bis Sie einen Ball anschubsen (Auflauern), ihm nachspringt, ihn zwischen die Zähne nimmt (Zubeißen) und zurückbringt (Tragen der Beute). Die Einzelelemente des Funktionskreises Jagd können während des Spiels in zufälliger Reihenfolge auftreten. Das macht den entscheidenden Unterschied zum »Ernstfall« der echten Jagd. Den Triebstau abreagieren kann die Katze allerdings auch beim Spielen. Ein Punkt wird dabei von vielen Katzenhaltern unterschätzt: die Zeit und Intensität, die nötig sind, um den Jagdtrieb einer Katze im Spiel völlig zu befriedigen. Eigentlich müsste eine Katze spielerisch sämtliche Komponenten der Jagd genauso oft und intensiv ausleben dürfen, wie es bei ihren Artgenossen der Fall ist, die auf die Jagd gehen. Für den Spielpartner Mensch ist das eine Herausforderung, die er nicht immer erfüllen kann.

41. Jagdtrieb – Stärke: Verspüren alle Katzen den Jagdtrieb – auch solche Rassekatzen, die seit Generationen keine einzige Maus mehr gefangen haben?

?

Der Jagdtrieb ist allen Katzen angeboren, er ist in ihrem genetischen Erbe verankert. Daher kommt die Lust an der Jagd auch dann nicht zum Erliegen, wenn eine Katze ihr ganzes Leben auf dem Sofa verbringt und keine Möglichkeit hat, auf die Pirsch zu gehen. Bei den Couch-Potatos bricht sich das jagdliche Erbe dann in diversen Jagdspielen Bahn. Es gibt allerdings einige Rassekatzen, bei denen sich der Jagdtrieb über viele Zuchtgenerationen hinweg zunehmend mehr abgeschwächt hat. Besonders augenfällig ist das bei den ruhigen und fast schon phlegmatischen Perserkatzen und der sanftmütigen Ragdoll.

42. Jagen – Training: Ist die Fähigkeit zum Jagen der Katze angeboren, oder muss sie erst Erfahrungen sammeln?

?

Sowohl der Jagdtrieb (→ Seite 51) wie auch die einzelnen Bewegungselemente des Jagens sind der Katze angeboren. Kaum klappt es mit der Koordination der Bewegungen einigermaßen und die Kätzchen können sich auf ihren wackeligen Beinen halten, erproben sie schon die Handlungskomponenten des Jagens: Sie lauern sich gegenseitig auf, vollführen wilde, wenn auch noch ungelenke Sprünge, schleichen sich an, packen mit den Krallen zu und beißen herzhaft mit spitzen Zähnchen in ihr »Opfer« (meist sind das die darüber nur wenig erfreuten Wurfgeschwister). Die jungen Katzen führen diese Instinktbewegungen zunächst in willkürlicher Abfolge aus. Um sie zum sinnvollen Handlungsablauf zu kombinieren, wie er für die erfolgreiche Jagd nötig ist, braucht es viel Zeit und jede Menge Training. Anfangs vollzieht sich das in wilden Jagd- und Verfolgungsspielen mit den Geschwistern und im »Erbeuten« verschiedener Objekte, später schleppt die Katzenmutter Beutetiere herbei, an denen der Nachwuchs seine Fähigkeiten testet. Endlich folgen dann erste eigene Jagdausflüge, meist jedoch noch ohne vorzeigbare Erfolge.

EXTRATIPP

Sind Mäuse gesundheitsschädlich für Katzen?
Das ist nur dann der Fall, wenn die Beutetiere vergiftet sind. Mit Herbiziden belastete Mäuse machen der Jägerin relativ wenig aus, wenn sie nur gelegentlich eine Maus frisst, Rattengift hingegen kann schwere Vergiftungserscheinungen hervorrufen. Schleppt Ihre Katze eine tote Ratte an, sollten Sie den Nager vorsichtshalber entsorgen. Da viele Nagetiere und Vögel mit Würmern infiziert sind, sind für Katzen mit Freigang regelmäßige Wurmkuren beim Tierarzt Pflicht.

43. Jagen – Verhalten: Unsere beiden Kater sind ein Herz und eine Seele. Beide bringen Mäuse nach Hause. Jagen sie auch gemeinsam? ?

Katzen haben eine soziale Ader, die lange Zeit selbst von Experten unterschätzt wurde. In vielerlei Hinsicht ist ihnen die Nähe und der Umgang mit Artgenossen wichtig. Das geht hin bis zu lebenslangen Freundschaften. Nur bei der Jagd erweist sich die Hauskatze ebenso wie die Wildkatze als Solistin. Ihr Jagdverhalten mag auch der Grund dafür sein, warum viele Menschen die Katze generell als unverträgliche Einzelgängerin sehen. Eine Katze geht auch dann alleine auf die Pirsch, wenn sie ihr Zuhause mit Artgenossen teilt, unabhängig davon, ob sie mit ihnen befreundet ist oder nicht. Als Lauerjägerin ist sie bei der Solojagd erfolgreicher als in der Gruppe. Eine Zusammenarbeit bei der Jagd kennt man bei den Katzenartigen nur von den Löwinnen (→ Seite 64) und gelegentlich von Geparden. Alle anderen wild lebenden Katzenarten gehen wie die Hauskatze allein auf die Pirsch.

44. Krallen: Ziehen Katzen die Krallen ein, um sich leise an ihre Beute anzuschleichen? ?

Leisetreter sind Katzen von Haus aus, weil das bei der Jagd unverzichtbar ist. Eingezogen werden die Krallen aber vor allem, damit sie sich beim Laufen auf harten Böden nicht abwetzen, sondern immer scharf bleiben. Scharfe Krallen sind für eine Katze eine unabdingbare Voraussetzung fürs Ergreifen der Beute, wie auch zum Klettern oder Kämpfen. Die vollständig zurückgezogenen Krallen liegen in Hauttaschen zwischen den Zehen, ähnlich wie scharfe Dolche in ihren Futteralen. Da sie sich im täglichen Gebrauch, speziell beim Klettern auf Bäume, aber doch abnutzen, muss die Katze ihre Krallen regelmäßig wetzen, um die stumpf gewordenen äußeren Hornschichten zu entfernen und ihre Vielzweckwaffen einsatzfähig zu halten.

45. Mäuse: Wie viele Mäuse muss eine Bauernhofkatze jeden Tag fangen, um satt zu werden? ?

Eine Bauernhofkatze, die zur Jagd auf die Wiesen und Felder zieht und nicht zusätzlich gefüttert wird oder höchstens ein Schälchen Milch vorgesetzt bekommt, muss pro Tag 10 bis 15 Mäuse fangen, um ihren Hunger zu stillen. Im Jahr summiert sich das theoretisch auf 4000 bis 6000 Mäuse. Dieses Mäusevolk würde jährlich annähernd fünf Tonnen Getreidekörner und Ackerpflanzen fressen. Selbst wenn es in der Realität ein paar Nager weniger sind, stellt bereits eine einzige Katze, die auf einem Bauernhof die Nager in Schach hält, einen Segen für den Landwirt dar.

46. Mäuse jagen: Welche Jagdtechnik setzt die Katze bei Mäusen und anderen bodenlebenden Kleintieren ein? ?

Katzen hetzen ihre Beute nicht wie Hunde – dafür würde ihnen auch die Ausdauer fehlen –, sondern warten als typische Lauerjägerinnen regungslos und geduckt ab, bis sich ein Beutetier fast bis auf Sprungweite genähert hat. Indem sie die Hinterbeine nach hinten schiebt und mit den Hinterpfoten im rhythmischen Wechsel hin- und hertritt, bereitet sich die Jägerin auf den Absprung vor. Mit ein paar kurzen Sätzen

EXTRATIPP

Mäusefängern die Futterration kürzen? Erbeutet die Katze viele Mäuse und frisst sie auch, kann die Futterration im Napf kleiner ausfallen. Ein mageres Mäuschen pro Tag fällt aber nicht ins Gewicht. Eine Katze müsste ca. 15 »Standardmäuse« fressen, um einigermaßen satt zu werden. Verringern Sie höchstens die Futtermenge, behalten Sie aber unbedingt die gewohnten Mahlzeiten Ihrer Katze bei.

schießt sie schließlich auf ihr Opfer zu. Dabei bemisst sie den letzten Sprung so lang, dass die Hinterbeine Bodenkontakt behalten, während die Vorderpfoten die Beute packen. Das heißt, eigentlich setzt die Katze meist nur eine Pfote auf die Maus, die andere bleibt am Boden und sorgt zusätzlich für sicheren Stand. Jetzt beißt die Jägerin zu, wenn möglich in der Nackenregion. Den Tötungsbiss (→ Seite 64) an dieser Stelle anzubringen, ist der Katze angeboren. Ihn effektiv zu setzen, lernt sie aber erst durch regelmäßige Jagdpraxis. Nicht selten muss sie daher nachfassen, um den Biss perfekt zu platzieren.

47. **Mäuse orten:** Wie spüren Katzen die doch sehr heimlich lebenden Mäuse auf?

?

Um eine Maus im Gelände zu orten, verlässt sich die Katze auf ihr superfeines Gehör. Katzen sind im wahrsten Sinne des Wortes extrem hellhörig, ihre Ohren nehmen Töne wahr, die wir längst nicht mehr hören können: Der Mensch ist in der Lage, Töne bis zu einer Obergrenze von 20 kHz wahrzunehmen (mit steigendem Alter aber deutlich weniger), Katzenohren entgehen selbst Töne im Bereich von 65 kHz nicht. Auch sehr leise Geräusche registriert die Katze und kann sie dank ihrer sehr beweglichen Ohrmuscheln, die sie wie Richtantennen auf die Schallquelle fokussiert, punktgenau orten. Allerbeste Voraussetzungen also, um das hohe und sehr leise Piepsen, mit dem Mäuse ständig in Kontakt zueinander stehen, nicht nur zu hören, sondern auch zu lokalisieren. Das gilt gleichermaßen fürs Rascheln eines Nagers im Laub oder das zarte Trippeln von Mäusepfötchen in der Vorratskammer. Auf der Pirsch im Streifgebiet (→ Seite 21), zum Beispiel einer Wiese mit halbhohem Bewuchs, bewegt sich die Katze möglichst geräuschlos und manchmal fast wie in Zeitlupe, wobei sie immer wieder längere Zeit verharrt, um sich noch besser auf verräterische Nagergeräusche konzentrieren zu können. Hat sie dann eine vielversprechende Stelle ausgemacht, etwa ein Mauseloch oder ein Gestrüpp, aus dem leises Rascheln zu hören ist, wartet sie reglos ab, den Blick unverwandt auf die interessante Stelle gerichtet, bis sich die Maus blicken lässt. Dabei erweist sich die Jägerin als außerordentlich geduldig und hält die Warteposition oft lange Zeit ein, ohne auch nur eine Pfote zu rühren.

48. Mäusen auflauern: Warum wartet die Katze immer erst ab, bis sich die Maus von ihrem Loch entfernt hat? ?

Würde die Katze bereits losspringen, sobald die Maus nur die Nase aus ihrem Loch herausstreckt, könnte der Nager blitzschnell wieder im Bau verschwinden, und die Jägerin hätte das Nachsehen. Wenn sie aber wartet, bis sich ihre Beute genügend weit vom rettenden Bau entfernt hat, verbessert sie ihre Chancen auf einen Jagderfolg deutlich.

49. Schnattern: Unser Kater sitzt oft am Fenster und gibt merkwürdig schnatternde Töne von sich. Was soll das? ?

Der Auslöser für dieses auf den ersten Blick etwas befremdliche Verhalten ist immer der gleiche: Die Katze beobachtet einen Vogel oder möglicherweise auch einen vorbeiflatternden Schmetterling. Beide

Am Fenster zu sitzen, ist für Mieze wie Fernsehen. Fliegt ein Vogel vorbei, reagiert sie darauf oft mit Schnatterlauten.

DIE SINNE DER KATZE

Dank ihrer scharfen Sinne ist die Katze eine erfolgreiche Jägerin. Ihre Sinnesorgane sind denen des Menschen in fast jeder Hinsicht überlegen. Katzen können im Halbdunkel sehen,

AUGEN
Katzenaugen reagieren auf kleinste Bewegungen und können auch im Dämmerlicht noch hervorragend sehen. Ihre Pupillen sind dann groß und rund, während sie sich im hellen Sonnenlicht zu schmalen Schlitzen verengen.

OHREN
Mit ihrem feinen Gehör nimmt die Katze viel leisere und weitaus höhere Töne wahr als der Mensch und ist darin selbst dem Hund deutlich überlegen. Zur Lokalisierung einer Geräuschquelle bewegen 20 Muskeln die Ohrmuscheln.

NASE
Mit der Supernase eines Hundes kann das Katzennäschen nicht ganz mithalten. Im Vergleich mit der menschlichen Nase weist das Riechfeld in der Katzennase aber immer noch zehnmal mehr geruchsempfindliche Zellen auf.

hören das leiseste Mäusetrippeln und verständigen sich mit Düften. Diese Fähigkeiten haben die Katzen auch in der langen Zeit der Partnerschaft mit dem Menschen nicht verloren.

TASTHAARE
Die langen und steifen Haare an der Oberlippe werden oft Schnurrhaare genannt, haben aber mit dem Schnurren nichts zu tun. Sie dienen vielmehr zur Naherkennung von Objekten, die die Katze nicht mehr scharf sieht.

ZUNGE UND GAUMEN
Die Zunge der Katze kann die Geschmacksrichtungen salzig, sauer und bitter unterscheiden. Sie reagiert auch sensibel auf den spezifischen Geschmack von Fleisch. Ob Katzen Süßes schmecken können, ist unklar.

GLEICHGEWICHTSSINN
Ihr ausgezeichneter Gleichgewichtssinn ermöglicht es der Katze, auf schwankenden Ästen und schmalsten Graten zu balancieren und sich im freien Fall blitzschnell so zu drehen, dass sie auf ihren Pfoten landet.

passen in ihr Beuteschema und lösen durch ihre Bewegungen den Jagdtrieb der Katze aus. Doch hier hat die Jägerin leider Pech: Sie kann das Objekt ihrer Begierde nicht erreichen – im Fall Ihres Katers, weil ihn das geschlossene Fenster daran hindert. In einer derartigen unbefriedigenden Situation geben Katzen merkwürdig schmatzende Töne von sich und klappern dabei in schneller Folge mit den Zähnen. Das stellt nichts anderes als die Bewegung des Tötungsbisses dar, nur dass dem Biss in diesem Fall die Beute im Katzenmaul fehlt. Leerlaufhandlung nennen die Biologen eine solche Bewegungsabfolge, die nicht zum erwünschten Ziel führt. Der Reizauslöser der unerreichbaren Beute ist so stark, dass die Katze die Instinkthandlung des Zubeißens ausführen muss.

50. Schnurrbart: Haben die Schnurrhaare der Katze eine Funktion beim Beutefang?

Mit den langen und extrem empfindlichen Tasthaaren auf der Oberlippe registriert die Katze Gegenstände, was zum Beispiel wichtig ist, um im Dunkeln die Breite eines Durchschlupfs zu messen. Die Tasthaare reagieren sogar auf kleinste Luftbewegungen. Auch beim Beutefang spielen sie eine wichtige Rolle: Beim Sprung auf die Beute spreizt die Katze ihren Schnurrbart weit nach vorn ab. Die Tasthaare fungieren jetzt als Bewegungsmelder

EXTRATIPP

Gartenvögel vor Katzen schützen
Eine Stachelmanschette um den Baumstamm sorgt dafür, dass Vogelnester, Futterhäuschen und Nistkästen für Katzen unerreichbar sind. Fragwürdig ist ein Halsband mit Glöckchen. Die Vögel werden vor der Jägerin gewarnt, für die Katze selbst aber birgt das Halsband die Gefahr, dass sie beim Klettern und im Strauchwerk damit hängen bleibt.

im Nahbereich, den die Katze mit den Augen nicht mehr scharf erfassen kann. Hat die Jägerin ihre Beute mit den Zähnen gepackt, legen sich die Schnurrhaare um das Beutetier und registrieren sofort jede Lageveränderung. Das ist vor allem dann wichtig, wenn die Maus noch lebt und sich aus dem Zahngehege zu befreien versucht. Auf Fotos von Katzen, die eine gerade gefangene Maus zwischen den Zähnen halten, erkennt man unschwer, wie die Schnurrhaare die Beute förmlich umhüllen.

51. »Spiel« mit lebender Beute: Warum beißen vor allem junge Katzen Mäuse nicht gleich tot, sondern traktieren sie häufig so lange mit den Pfoten, bis sie sich nicht mehr bewegen?

Jungen Katzen fehlt die Jagderfahrung, sie sind mit den Verteidigungsreaktionen ihrer Beutetiere noch nicht vertraut. Speziell mit dem Tötungsbiss klappt es am Anfang eher selten (→ Seite 63). Manchmal landen der Biss am Bauch, auf dem Rücken oder im Schwanz der Maus, was das Opfer zu noch heftigeren Abwehrmaßnahmen veranlasst. So mancher Nager springt der Angreiferin in seiner Todesnot ins Gesicht und verbeißt sich darin. Daher bleiben unerfahrene und noch leicht schreckhafte Jungjäger lieber etwas auf Distanz und verlassen sich auf die Wirkung blitzschneller Pfotenhiebe. Auf diese Weise kann die Katze die Reaktionen ihrer Beute besser abschätzen und sie mit fortgesetzten Schlägen ermüden, bis die Maus schließlich in ihrer Gegenwehr erlahmt. Wenn sich das Beutetier dann nicht mehr rührt und damit keinen Jagdanreiz mehr darstellt, kommt es durchaus vor, dass die Katze ihr Interesse verliert und sich nicht mehr um die Maus kümmert. Das trifft besonders auf gut ernährte Stubentiger zu, die nicht von der Mäusejagd leben müssen. Eine hungrige Katze hingegen wird ihre Beute wegtragen, um sie dann in aller Ruhe an einem anderen Ort zu fressen.

Beim wilden Spiel mit toter Beute löst sich die Spannung der Jagd.

52. **»Spiel« mit toter Beute: Meine Chilli bringt oft tote Mäuse nach Hause, spielt aber nur mit ihnen, statt sie zu fressen. Warum?**

Hunger ist für Ihre wohlbehütete Chilli kein Thema. Weil ihr Jagdtrieb unabhängig ist vom vollen oder leeren Magen, geht sie trotzdem täglich auf die Pirsch. Fürs Fressen der Beute gibt es keinen Anlass. Die Jagdtrophäe unbeachtet liegenlassen und einfach weggehen, kann Chilli allerdings auch nicht. Dazu steht sie zu sehr unter Anspannung. Am schnellsten baut sich die Erregung ab, wenn sie ihr Opfer immer wieder anspringt, mit den Pfoten traktiert und sich so verhält, als sei die Maus noch nicht tot. Die Verhaltensbiologen nennen das »Erleichterungsspiel«. Dass Chilli Ihnen die Mäuse vor die Füße legt, ist übrigens ein Vertrauensbeweis: Sie sind Teil ihrer Familie, die sie ab und zu auch mit Nahrung versorgt.

53. Spitzmäuse: **Warum fressen Katzen keine Spitzmäuse?** ?

Meist erbeuten Katzen Feldmäuse *(Microtus arvalis)* und Hausmäuse *(Mus musculus)*, nicht zuletzt, weil sie fast überall vorkommen. Auch Gelbhalsmäuse *(Apodemus flavicollis)* und Waldmäuse *(Apodemus sylvaticus)* verschmäht die Katze nicht, wenn sie diese selteneren Arten aufstöbert. Spitzmäuse fallen Katzen ebenfalls ab und zu zum Opfer, gefressen wird diese Beute aber nicht. Ein Grund könnte der für Spitzmäuse typische unangenehme Geruch sein. Darüber hinaus sind einige Spitzmausgattungen giftig, so zum Beispiel die Wasser- und Kurzschwanzspitzmäuse. Sie geben über eine Drüse ein Nervengift ab, mit dem sie ihre Beute lähmen. Spitzmausbisse können selbst für Menschen schmerzhaft sein. Nachvollziehen kann man es nicht, warum Katzen trotz des üblen Geruchs und der Gefahr, sich böse Bisse einzuhandeln, Jagd auf Spitzmäuse machen, sie dann aber liegen lassen. Spitzmäuse *(Soricidae)* sind übrigens keine richtigen Mäuse, sondern zählen zu den Insektenfressern.

54. Tötungsbiss: **Zwei unserer Katzen bringen tote Mäuse heim, die dritte nur lebende, die sie dann laufen lässt. Kann man das erklären?** ?

Wie das erfolgreiche Jagen erlernt eine Katze auch die richtige Technik des Tötungsbisses erst im Laufe der Zeit und mit zunehmender Erfahrung. Das Beutetier am Hals zu packen, gehört zu ihrem ererbten Verhaltensinventar, nicht aber, wo exakt und wie kräftig sie dabei zubeißen muss. Den Nackenbiss trainieren die Jungkatzen schon bei den Balgereien mit ihren Wurfgeschwistern. Dort aber sorgt noch eine natürliche Beißhemmung dafür, dass ein attackiertes Kätzchen nicht zu Schaden kommt. Im Ernstfall der Jagd muss die Katze ihre Beißhemmung überwinden. Das dürfte anfangs eher zufällig geschehen, etwa wenn die Geschwister einer jungen Möchtegern-Jägerin eine Maus wegnehmen wollen und daran zerren. Im Bemühen, ihre Beute zu verteidigen, packt sie fester zu – und der Nager hört auf zu zappeln. Wiederholt sich diese Erfahrung, begreift die Katze bald, wie es geht. Viele Hauskatzen beherrschen den Tötungsbiss nicht oder nicht richtig. Sie jagen eifrig, aber ohne Erfolg. Wenn eine Katze nie oder lange nicht die Gelegenheit zum Töten hatte, muss für sie der auslösende Reiz immer stärker werden, um es tatsächlich zu tun. Solch ein Anreiz kann in der Konkurrenz anderer Katzen liegen, aber auch in der Geschwindigkeit, mit der ein Beutetier wegrennt. Mit den Jahren wird die Katze nun letztlich unfähig zum Töten, weil es für sie keinen genügend starken Anreiz mehr gibt. Auch Angst und Vorsicht sorgen oft dafür, dass die Jägerin nicht richtig zubeißt. Unerfahrene Katzen wollen der bissigen Beute nicht zu nahe kommen – was für den Tötungsbiss aber unvermeidlich ist. Stattdessen traktieren sie ihr Opfer mit Tatzenhieben und »spielen« es zu Tode.

55. Tötungsbiss – Technik: In Tierfilmen habe ich gesehen, wie Löwen und Tiger ihre Beute an der Kehle packen. Machen das Katzen mit Mäusen auch? ?

Löwe und Tiger machen häufig Jagd auf Beutetiere, die wesentlich größer sind als sie selbst. Das ist auch ein Grund dafür, warum Löwen (in der Regel nur die Damen) im Rudel auf Beutezug gehen: Eine Löwin allein hätte selbst gegen einen geschwächten Büffel keine Chance. Zuerst muss dabei das Opfer umgeworfen werden, entweder durch einen Sprung auf den Rücken oder indem sich eine Löwin an seine Kehle hängt. Hauskatzen haben dieses Problem nicht, da ihre Beutetiere meist deutlich kleiner sind als sie selbst. Sie töten durch einen (mehr oder weniger) gezielten Biss in den Nacken. Das geeignete Werkzeug dazu sind ihre langen und dolchartigen Eckzähne, die sogenannten Fangzähne. Die Groborientierung, wo der Tötungsbiss angesetzt werden muss, erfolgt dabei optisch. Allerdings ist die Katze nicht in der Lage, mit ihren Fangzähnen harte Knochen zu durchbeißen, nicht einmal die Wirbelsäule der Maus. (Beißt sie versehentlich mit voller Kraft auf etwas Hartes, kann der Eckzahn splittern oder abbrechen.) Beim Tötungsbiss werden die Fangzähne wie ein Keil zwischen die Halswirbel getrieben. Dabei wird das Rückenmark in der Nackenregion gequetscht oder verletzt, was meist den sofortigen Tod des Beutetiers zur Folge hat. Die Kunst besteht darin, den Biss exakt zu platzieren. Um die Fangzähne genau in einen Spalt zwischen zwei Halswirbel zu treiben, nimmt die Katze oft während des Zubeißens noch mehrfach eine Korrektur des Ansatzwinkels vor. Sobald die Zahnspitze auf etwas Hartes (den Knochen) stößt, tastet sie mit minimalen Kieferbewegungen umher, bis die Zahnspitze in einen Spalt gleitet – und beißt erst dann fest zu. Nimmt man der

INFO

Gefährden Hauskatzen unsere Vogelbestände?
In zahlreichen ökologischen Studien konnte noch in keinem Fall nachgewiesen werden, dass Hauskatzen für das Verschwinden einer heimischen Vogelart verantwortlich sind. Die Ausnahme stellen einige isolierte Meeresinseln dar, auf denen Hauskatzen ausgesetzt wurden. Selbst in Vorstadtsiedlungen mit sehr hoher Katzendichte sind die Vögel weit stärker dadurch bedroht, dass ihr Lebensraum in unseren »aufgeräumten« Gärten zunehmend verarmt und sie keine Insekten und Sämereien mehr finden.

Katze ein frisch getötetes Beutetier ab, weist es in der Regel nur zwei winzige Einstichstellen der Zähne im Nacken auf, aus denen kaum Blut austritt.

56. Verhaltensprobleme: Entwickelt eine Katze Verhaltensdefizite, wenn sie nicht jagen kann?

?

Stress und Frustration bedeutet es für die Katze, wenn sie kein Ventil für ihren Jagdtrieb (→ Seite 51) findet. Um diesen Triebstau abzubauen, müssen Katzen aber nicht unbedingt ganz real auf die Jagd gehen und echte Beute machen. Zum Glück kann Mieze ihre Jagdlust nämlich genauso gut auch im Spiel befriedigen. Manche Katzen beschäftigen sich mit schier endloser Ausdauer mit einem Plüschmäuschen, das immer wieder in die Luft geworfen, gebissen und in eine andere Wohnungsecke verschleppt wird, oder mit einem Ball, den man mit deftigen Pfotenhieben vor sich hertreiben kann. Andere Sofatiger verweigern Solospiele und bestehen auf dem menschlichen Spielpartner, der dann als Animateur herhalten muss, um Spielmäuse, Bälle oder Katzenangel in Bewegung zu versetzen. Katzen, die ihren Jagdtrieb auch im Spiel nicht ausleben können, sind nicht nur frustriert, sondern stumpfen regelrecht ab, werden depressiv oder entwickeln gar Verhaltensstörungen wie Unsauberkeit und Zerstörungswut. So weit lässt es kein verantwortungsvoller Katzenhalter kommen. Reservieren Sie daher für Ihren Stubentiger täglich eine Spielstunde, vor allem, wenn er keine Chance zur echten Jagd hat.

57. Vögel jagen: Haben Hauskatzen auch bei gesunden Vögeln Jagderfolg und nicht nur bei kranken oder verletzten?

?

Vor allem im städtischen Bereich machen Katzen zweifellos oft Jagd auf Vögel. Das liegt nicht zuletzt daran, dass in vielen Vorstadtrevieren Nagetiere, von

Natur aus die Hauptbeute der Katze, selten sind oder fast völlig fehlen. Einer Stadtkatze bleiben im Garten oft nur Vögel, um den Jagdtrieb abzureagieren. Reich strukturierte Gärten mit Büschen und großblättrigen Blumen machen es ihr leicht, Deckung bei der Vogeljagd zu nutzen. Dennoch erwischen auch die in den Städten lebenden Katzen überwiegend nur verletzte, kranke, alte oder sehr junge Vögel. Wenn die Jägerinnen vermehrt Jungvögel erbeuten, führt das häufig zu Protesten der Vogelfreunde. Bedenken sollte man dabei aber, dass drei Viertel des Vogelnachwuchses aus anderen Gründen nicht überleben (nasses und kaltes Wetter, zu wenig Futter, Tod der Elterntiere) und die Überlebensrate trotzdem ausreicht, um den Bestand zu sichern. Natürlich gibt es geschickte Hauskatzen, die ab und zu unvorsichtige gesunde Vögel erbeuten. Für den Bestand einer Vogelart stellt das keine Bedrohung dar. Für die Gefährdung der Vogelwelt gibt es viele andere Gründe – die meisten hat der Mensch zu verantworten. Unseren Hauskatzen kann man den Schwarzen Peter jedenfalls nicht unterschieben.

1

Wenn die Katze nicht jagen kann, muss ihr Spielzeug herhalten, um den aufgestauten Jagdtrieb abzubauen.

2

Unterforderte und gelangweilte Katzen suchen sich oft selbst eine Beschäftigung – selten zur Freude des Menschen.

Ernährung und Toiletten-verhalten

Essen und Trinken hält Leib und Seele zusammen – bei der Katze wie beim Menschen. In diesem Kapitel finden Sie die wichtigsten und nützlichsten Informationen und Tipps rund um Futterschüssel, Trinknapf und Katzentoilette.

58. Abbeißen: Warum hält meine Katze den Kopf immer schief, wenn sie etwas abbeißt?

?

Anders als wir kann eine Katze mit ihren winzigen Schneidezähnen nicht kraftvoll abbeißen. Dafür benutzt sie die kräftigen und scharfkantigen, weiter hinten sitzenden Reißzähne. Um es genauer zu beschreiben, handelt es sich hierbei um den hintersten Vorbackenzahn im Oberkiefer und den großen Backenzahn des Unterkiefers – jeweils auf den beiden Seiten von Ober- und Unterkiefer. Die Zacken dieser beiden Zähne greifen passgenau ineinander, sodass sie wie eine Brechschere funktionieren. Wenn Ihre Katze also beim Fressen den Kopf auffällig schief hält, setzt sie in diesem Moment ihre Reißzähne ein, um einen größeren Futterbrocken zu zerteilen.

59. Erbrechen: Unsere Katze erbricht sich oft, unabhängig davon, was sie vorher gefressen hat. Krank wirkt sie dabei aber nicht. Müssen wir uns Sorgen machen?

?

Erbrechen kommt bei Katzen wesentlich häufiger vor als beim Menschen und ist nicht immer ein Zeichen für eine ernste Erkrankung. Sofern sich Ihre Katze ansonsten normal verhält, nicht krank wirkt und zudem unverminderten Appetit zeigt, brauchen Sie sich keine Sorgen zu machen und nicht wegen jedes Erbrechens mit ihr zum Tierarzt gehen. Meist wird sie auf diese Weise Haarballen los, die sich im Laufe der Zeit in ihrem Magen gebildet haben (→ Seite 82). Möglicherweise war auch ihr Futter zu kalt, oder sie hat es zu schnell hinuntergeschlungen. Nicht wenige Katzen haben einen recht sensiblen Magen. Andererseits kann Erbrechen aber auch ein Begleitsymptom bei verschiedenen schwerwiegenden Erkrankungen sein, ebenso bei Vergiftungen oder Fremdkörpern im Magen. Daher sollten Sie mit Ihrer Katze zum Tierarzt gehen, wenn folgende Situationen eintreten:

➤ Die Katze erbricht sich über viele Stunden hinweg, und es tritt keine Besserung ein.
➤ Das Erbrechen tritt mehrere Tage hintereinander immer wieder auf, nicht selten in derselben Situation, zum Beispiel unmittelbar nach der Fütterung.
➤ Gleichzeitig mit dem Erbrechen treten Krankheitssymptome wie Fieber oder Durchfall auf. Die Katze hat womöglich auch erkennbare Schmerzen, wirkt apathisch oder verweigert ihr Futter.

60. Fressen – Beutetiere: Fressen Katzen ihre Beutetiere stets vom Kopf her?

?

Kleinere Beutetiere, etwa Mäuse, verzehrt die Katze tatsächlich fast immer von vorne nach hinten. Sie legt die Beute zunächst vor sich ab und beschnuppert sie ausgiebig. Dabei stellt sie mithilfe der Tasthaare (→ Seite 59) fest, in welche Richtung der Fellstrich der Maus verläuft. Von vorne abgebissen und verschluckt, rutschen die Bissen viel leichter durch den Schlund als gegen den Strich. Nur größere Tiere, etwa Kaninchen, frisst die Katze vom Hals an, weil sie den harten Kopf dieser Beutetiere nicht zerbeißen kann. Bei Vögeln beginnt sie gelegentlich auch am Flügelbug oder am Brustmuskel.

INFO

So setzt sich Fertigfutter zusammen

➤ **DOSENFUTTER** (Nassfutter) ähnelt in der Zusammensetzung der natürlichen Katzenbeute: etwa 80 % Wasser, 20 % Trockenmasse, davon ca. 35 % Eiweiß und 10–15 % Fett, der Rest sind Ballaststoffe sowie Vitamine und Mineralstoffe.
➤ **TROCKENFUTTER** enthält nur etwa 10 % Wasser. Die Katze muss zusätzlich Wasser trinken. Pro Tag sollte sie ca. 150 ml aufnehmen (Feuchtigkeit in der Nahrung eingerechnet), sonst besteht die Gefahr einer Nierenschädigung.

61. Fressen – Körperhaltung: Mein Kater Gulliver kauert sich beim Fressen immer hin. Ist das typisch für alle Katzen oder nur eine Marotte von ihm?

?

Ihr Gulliver hat keinen Spleen. Er verhält sich wie alle anderen Kleinkatzen, die sich zum Fressen normalerweise hinkauern. Höchstens ein sehr dicker »Garfield« legt sich dabei auch einmal mit dem Bauch auf die Erde, weil der sowieso schon fast Bodenkontakt hat. Großkatzen wie Tiger und Löwe fressen häufig und gern gemütlich im Liegen, wobei sie ihre Beute mit den Tatzen festhalten und auf den Boden drücken. Beim Trinken sieht die Körperhaltung nicht anders aus: Sowohl Klein- wie Großkatzen kauern sich dabei hin, entweder vor dem Trinknapf, an einer Pfütze oder einem Gewässerufer.

62. Fressen – portionsweise: Unsere Katze frisst ihre Futterportion nie in einem Zug auf, sondern geht stets mehrmals zu ihrem Napf. Ist das normal?

?

Von Natur aus ist eine Katze so ausgerichtet, dass sie etwa 10 bis 15 Mäuse am Tag frisst. Da sie die Nager aber erst mühsam fangen muss, verteilt sich die Nahrungsaufnahme ganz automatisch auf viele einzelne Häppchen und über einen Zeitraum von mehreren Stunden. Wenn Ihre Katze von sich aus die Ration in ihrem Fressnapf auf mehrere kleine Mahlzeiten verteilt, verhält sie sich also absolut normal. Vor allem ältere Katzen haben spätestens ab dem 10. Lebensjahr meist Probleme damit, größere Futterportionen auf einmal zu vertilgen. Ihr Verdauungssystem ist jetzt nicht mehr so leistungsfähig wie in jüngeren Jahren. Sofern Ihre Katze bereits zu den Senioren zählt, sollten Sie ihr also nach Möglichkeit entgegenkommen und ihre tägliche Futterration auf drei oder besser noch vier Fütterungen verteilen.

63. Fressen – Unverträgliches: Erkennt die Katze, ob ein Futter für sie unverträglich ist, und rührt es dann auch nicht an? ?

In der Natur funktioniert das: Eine tote und in der Sonne bereits verdorbene Maus wird eine Katze nicht fressen, und sei sie noch so ausgehungert. Doch all die vielen leckeren Dinge, die es in der Menschenwelt gibt und die so gut schmecken oder für die Katzen keine Geschmacksempfindung haben (zum Beispiel Süßes), wird sie nicht instinktiv ablehnen. Dazu gehören Schokolade (das im Kakao enthaltene Theobromin ist für Katzen giftig), andere Süßigkeiten, Salat mit Dressing und rohes Schweinefleisch. Zucker bringt das Verdauungssystem der Katzen durcheinander, Essig- und Zitronensäure im Salatdressing sind schädlich, rohes Schweinefleisch kann die für Katzen tödliche Aujeszkysche Krankheit übertragen. Geben Sie Ihrer Katze nichts von Ihrem Teller, und sorgen Sie dafür, dass nichts unbeaufsichtigt herumsteht, was ihr schaden könnte. Katzen sind nun mal Gelegenheitsdiebe und lassen sich davon auch nicht abbringen.

64. Fressen – Zeitdauer: Mein Kater braucht zum Fressen viel länger als seine Schwester. Kaut er sein Futter gründlicher? ?

Katzen zerkauen nur sehr kleine Tiere, etwa Libellen, Käfer oder Heuschrecken, gründlich, bevor sie diese Beutetiere hinunterschlucken. Das dürfte

Die ersten Häppchen verdrücken die hungrigen Freunde noch halb im Stehen. Später kauern sie sich bequemer nieder.

am harten Chitinpanzer der Insekten liegen, der in der Speiseröhre unangenehm kratzt, wenn er als Ganzes verschluckt wird. Ansonsten aber kauen Katzen so gut wie nie. Die von der Beute abgebissenen Stücke wie auch die Futterbrocken aus dem Fressnapf werden einfach hinuntergeschluckt. Fast alle Katzen prüfen allerdings jeden Bissen zuvor sorgfältig mit der Nase. Wenn Ihr Kater für seine Mahlzeit länger als seine Schwester braucht, nimmt er es offensichtlich mit der Geruchsprüfung besonders genau. Eventuell fühlt er sich auch am Futterplatz etwas verunsichert und nimmt sich zwischen den Bissen Zeit, um zu lauschen und sich zu vergewissern, dass die Luft rein ist und er gefahrlos weiterfressen kann.

65. Fressplatz: Ich beobachte immer wieder, wie meine Katze nach dem Fressen neben dem Napf auf dem Boden scharrt. Was heißt das?

?

Bei diesen Scharrbewegungen handelt es sich gewissermaßen um eine übrig gebliebene Instinktbewegung aus den »wilden Zeiten« unserer Hauskatzen. Bei den wild lebenden Raubkatzen kann man immer wieder beobachten, wie sie die Reste einer Fleischmahlzeit, also Haut und Knochen großer Beutetiere, im Sand oder in der Bodenstreu verscharren. Sie wollen auf diese Weise verhindern, dass der Geruch der Fleischreste mög-

EXTRATIPP

Streit am Fressplatz
Um Unfrieden und Zoff an der Futterschüssel zu vermeiden, sollten Sie …

- **… jeder Katze einen eigenen Napf gewähren.**
- **… die Kostgänger bei Zwistigkeiten getrennt füttern, falls nötig sogar in verschiedenen Zimmern.**
- **… gierigeren Essern die Futterschüssel zuerst hinstellen. Die gelasseneren Charaktere warten in der Regel geduldig ab, bis sie an der Reihe sind.**

liche Feinde anlockt. Auch Hauskatzen scharren vor allem dann, wenn noch Reste eines stark riechenden Futters im Napf übrig sind. Auf einem gefliesten Küchenboden und in der Sicherheit der menschlichen Wohnung mag ein derartiges Scharren am Fressplatz unsinnig erscheinen. Doch es zeigt uns einmal mehr, wie viel wildes Erbe immer noch in jedem unserer Sofatiger steckt.

66. Futterakzeptanz: Während unser Hund im Prinzip alles verschlingt, was ihm vorgesetzt wird, ist unser Kater sehr viel wählerischer. Ist ein solches Verhalten typisch für Katzen? ?

Das ist sogar sehr typisch für die Samtpfoten. Eine Katze muss schon wirklich ausgehungert sein, um sich ohne zu zögern auf Futter zu stürzen. Normalerweise wird ein Nahrungsangebot – ob im Fressnapf oder draußen – zunächst lange und sehr gründlich beschnuppert. Dabei prüft die Katze, ob ihr dieses Angebot zusagt. Abgestandenes Futter wird ebenso konsequent abgelehnt wie Futterstoffe, die sie nicht mag oder nicht kennt. Entspricht der Futterduft nicht ihren Erwartungen, können Katzen einen bemerkenswert eisernen Willen an den Tag legen und treten manchmal lieber tagelang in den Hungerstreik, statt die unerwünschte Kost zu akzeptieren.

67. Futtergeruch: Warum lässt unsere Katze ihr Futter völlig unbeachtet, wenn es direkt aus dem Kühlschrank kommt – selbst dann, wenn sie einen leeren Magen hat? ?

Katzen werden vor allem durch den Duft der Nahrung zum Fressen animiert, insbesondere durch den speziellen Fettgeruch des Fleisches. Da kaltes Futter viel weniger Aroma entwickelt als zimmerwarmes (wir selbst kennen das vom Käse), verweigern sich viele Katzen, wenn ihnen eine unterkühlte und fast geruchlose Mahlzeit aufgetischt wird. Leider gilt das nicht für alle Katzen. Manche Stubentiger entwickeln in Futterfragen so wenig Sensibilität, dass sie selbst kühlschrankkaltes oder halb gefrorenes Futter gierig hinunterwürgen – mit der unausweichlichen Folge, dass sie es postwendend wieder erbrechen. Auf kalte Kost ist der Katzenmagen nicht eingestellt, der Kältereiz lässt ihn umgehend rebellieren. Mäuse kommen schließlich auch nicht mit frostigen 5 bis 8 °C daher, sondern werden meist noch körperwarm verzehrt. Wenn eine an kalten Wintertagen erbeutete Maus schon etwas ausgekühlt ist, dauert das Zerbeißen der Beute in der Regel so lange, dass die Futterstücke im Mund der Katze wieder ausreichend angewärmt werden. Die mundgerechten und weichen Bröckchen aus der Fertigfutterdose kann Mieze hingegen mit einem Happs verschlucken, sie landen viel zu kalt im Magen. Selbst wenn Ihre Katze die Zurückhaltung gegenüber kaltem Futter einmal aufgibt, sollten Sie ihr nie Futter direkt aus dem Kühlschrank servieren. Nehmen Sie es rechtzeitig vor der Fütterung heraus oder erwärmen Sie es einige Sekunden in der Mikrowelle. Das ist für den Magen Ihrer Katze allemal bekömmlicher.

68. Futtermenge: Stimmt es, dass Katzen automatisch nicht mehr fressen, als ihnen guttut? ?

Die Vorstellung von der selbstgenügsamen Katze, die nur so viel frisst, dass sie stets ihre schlanke Linie behält, stimmt leider nicht in jedem Fall. Sonst gäbe es nicht so viele Wohnungskatzen mit unübersehbaren Wohlstandsbäuchen. Offensichtlich fehlt manchen Katzen doch das natürliche Sättigungsgefühl. Allgemein ist das Verdauungssystem der Katze von Natur aus auf ein Leben mit reichlich Bewegung ausgelegt. Gerade das aber geht vielen Hauskatzen, besonders reinen Wohnungstigern und Couch-Potatos, völlig ab. Wenn es dann Frauchen oder Herrchen noch allzu gut mit den Futterportionen im Napf meinen, ist das Übergewicht vorprogrammiert. Schuld sind häufig auch die Zwischendurch-Leckerlis und wohlmeinende Nachbarn, die der auf einen Sprung vorbeischauenden Mieze etwas zum Naschen anbieten …, »weil sie so lieb bettelt«. Einen dickleibigen Sofatiger auf halbe Kost oder Reduktionsdiät zu setzen, ist ein Vorhaben, das der garantiert nicht einsieht und lautstark Protest anmeldet. Doch es gibt tatsächlich auch die andere Katzen-Fraktion. Diejenige, der man einen gefüllten Futternapf hinstellen kann und die sich immer nur so viel genehmigt, wie es richtig ist – ohne dabei jemals die gute Figur zu verlieren. Zwangsläufig kann das nur mit Trockenfutter funktionieren, das auch beim längeren Herumstehen nicht verdirbt.

DER RICHTIGE FUTTERPLATZ

Futternapf: Ausführung und Material	Der Futternapf muss standfest (breite Bodenfläche) und sollte nicht zu hochwandig sein. Wichtig ist die leichte Reinigung (siehe unten). Wählen Sie daher einen Napf aus Metall, Porzellan oder Keramik.
Unterlage	Ein flaches Tablett oder ein Tischset unter dem Napf erweist sich als praktisch, denn viele Katzen zerren Fleischbrocken, aber auch Nassfutter aus dem Napf und legen sie zum Fressen auf den Boden.
Standort	An einer ruhigen Stelle der Wohnung, möglichst mit etwas Sichtschutz, aber nicht zu engräumig. Der Futternapf darf nicht in der Nähe der Katzentoilette stehen!
Anzahl Näpfe	Jede Katze hat ihren Napf, um Streit zu vermeiden. Evtl. in getrennten Zimmern füttern.

Die Futternäpfe müssen täglich mit heißem Wasser gesäubert werden (Löffel nicht vergessen!), bei verkrusteten Futterresten mit einem geruchsneutralen Spülmittel. Danach gut abspülen, um die Spülmittelreste zu entfernen.

69. Futterneid: Kann es auch unter Katzen zu Futterneid kommen?

Futterneid kann sich selbst unter Katzen einstellen, die sich sonst gut verstehen und fernab vom Fressnapf ein Herz und eine Seele sind. Dass Katzen, die gleichzeitig gefüttert werden, immer wieder einmal kurz die Näpfe tauschen, um die Futterqualität der Kollegin zu testen, ist völlig normal und kein Neidsymptom. Haarig wird es erst dann, wenn es zum echten Mobbing (→ Seite 240) kommt und eine Katze die andere von allen Näpfen verjagt. Spätestens jetzt muss man die Herrschaften während der Fütterung trennen und sollte die Mahlzeiten in verschiedene Zimmer verlegen. Häufiger allerdings hat ein gewisser Futterneid eher positive Effekte. Dann nämlich, wenn sich eine mäkelige Katze von der mit gutem Appetit gesegneten Artgenossin dazu animieren lässt, das Nahrungsangebot nun doch zu akzeptieren.

70. Fütterungszeiten: Soll man seine Katze zu festen Tageszeiten füttern?

Für das körperliche Wohlbefinden einer Katze spielt es primär keine Rolle, zu welcher Tageszeit sie etwas zu fressen bekommt. In freier Natur läuft ihr schließlich auch nicht jeden Tag pünktlich um 18 Uhr eine Maus vor die Nase und lässt sich bereitwillig fangen. Im Hinblick auf das soziale Miteinander mit

EXTRATIPP

Mehr Abwechslung im Futternapf

Füttern Sie Ihre Katze abwechslungsreich und auch bei Fertigfutter nicht nur mit derselben Sorte. Sonst ziehen Sie sich womöglich eine heikle Kostgängerin heran, die nichts anderes mehr akzeptiert. Fleisch ist ab und zu okay, aber kein Alleinfutter. Gelegentlich erlaubt sind Quark und Joghurt, ein Klecks Butter, gekochtes Ei oder gekochter Fisch.

ihren Menschen sind Zuverlässigkeit und Pünktlichkeit für die Katze jedoch enorm wichtig. Wenn sie sich auf die regelmäßige Versorgung durch die »Überkatze« Mensch verlassen kann, stärkt das die Bindung an den Menschen und gibt der Katze Sicherheit. Das ist in etwa vergleichbar mit dem Urvertrauen eines Kindes zu seiner Mutter. Genießt Ihre Katze freien Auslauf, ist es besonders wichtig, dass sie über die regelmäßige und termingenaue Fütterung eine feste Bindung an ihr Zuhause entwickelt. Die präzise innere Uhr der Katze sorgt dafür, dass sie sich pünktlich auf die Minute am Futternapf einfindet und Sie nicht stundenlang auf Ihren Liebling warten müssen. Was letztlich auch viele sorgenvolle Blicke vor die Tür erspart.

»Nein, das Futter fress ich nicht!« So manche Katze verhält sich ausgesprochen mäkelig, wenn es ums Fressen geht.

71. Futterverweigerung: Meine Isabell verhält sich oft dickköpfig, speziell bei Futter, das sie nicht mag. Dann tritt sie in den Hungerstreik. Schadet es ihr, wenn ich sie hungern lasse, bis sie von selbst wieder frisst? ?

Wenn eine Katze das Futter verweigert, ist das nicht selten tatsächlich der Versuch, ihren Halter davon zu überzeugen, dass das aktuelle Nahrungsangebot in keiner Weise akzeptabel ist und sie bessere Qualität erwartet. Ob der »Hungerstreik« aber wirklich nur am mäkeligen Verhalten Ihres Lieblings liegt, können Sie relativ leicht testen: Bieten Sie Isabell versuchsweise

einen ihrer Lieblings-Leckerbissen an. Verschlingt sie ihn begeistert und ohne zu zögern, müssen Sie sich keinerlei Sorgen machen. Anders sieht es bei einer Totalverweigerung aus. Nimmt die Katze über mehr als 24 Stunden kein Futter an, ist das ein deutliches Zeichen, dass etwas mit ihrer Gesundheit oder ihrem Wohlbefinden nicht stimmt. Häufige Ursachen sind zum Beispiel Zahnfleischentzündungen, Zahnschmerzen, im Rachen oder Magen festsitzende Fremdkörper oder eine akute Verstopfung – alles Fälle, bei denen man nicht abwarten darf, sondern die Katze dem Tierarzt vorstellen muss. Das gilt natürlich erst recht, wenn das Tier ernsthaft erkrankt ist, apathisch wirkt oder Fieber hat. Auch Stress äußert sich bei Katzen häufig in Futterverweigerung. Hier müssen die Ursachen der psychischen Belastung ausfindig gemacht und möglichst abgestellt werden. Typische Stressauslöser sind Vernachlässigung, Einzug neuer Familienmitglieder, Mobbing durch Mitkatzen oder der Umzug in eine fremde Umgebung.
Hungerstreik als Protest gegen das in den Augen der Katze inakzeptable Futter kommt allerdings gar nicht selten vor. Dabei wurde den Streikenden die einseitige Futtervorliebe fast immer vom Menschen anerzogen, weil sie von klein auf stets dasselbe Futter vorgesetzt bekamen. Solche Nahrungsabhängigkeiten entstehen bei Katzen schon sehr früh und werden oft lebenslang beibehalten oder verstärken sich sogar noch im Alter. Wollen oder müssen Sie aus irgendeinem Grund den Futtertyp wechseln, sollten Sie Ihren Trotzkopf aber dennoch nicht zu lange hungern lassen. Eine länger anhaltende Nulldiät kann nämlich zur Schädigung der Leber führen, weil sich in ihr zu viele Fettsäuren anreichern können. Ratsamer als eine radikale Futterumstellung erzwingen zu wollen, ist es in jedem Fall, eine neue Futtersorte »schleichend« einzuführen. Dazu mischen Sie zunächst nur eine kleine Portion der neuen Kost unters gewohnte Futter und steigern den Prozentanteil dieser Zumischung nach und nach, bis schließlich nur noch das neue Futter im Napf liegt.

72. Futtervorlieben: Worauf kommt es an, damit die Katze ihr Futter akzeptiert?

?

Für Mieze ist es entscheidend, dass ihr Futter gut riecht. Gut für die Katzennase versteht sich. Auf die menschliche Nase kann das oft ziemlich penetrant wirken, was so manches leicht angewärmte Dosenfutter zeigt. Darüber hinaus sind die meisten Katzen in Futterfragen ausgesprochen wählerisch. Unter natürlichen Bedingungen bleiben sie oft ein Leben lang bei der Nahrung, die sie als Kätzchen kennengelernt haben. Was die Katzenmutter herbeischleppte, bekam in den Köpfchen ihrer Jungen gleichsam den Stempel »fressbar« aufgedrückt – und dabei bleibt es. Manche Katzen fassen diese Vorliebe etwas weiter, indem sie zum Beispiel verschiedene Feuchtfuttersorten akzeptieren, andere jedoch beharren konsequent auf einer ganz bestimmten Geschmacksrichtung. Manche erweisen sich als vertrauensvoll genug, dass sie neues Futter, das ihnen der Halter vorsetzt, zumindest probieren, häufig aber gilt der Grundsatz: »Was ich nicht kenne, fresse ich nicht!« Einige Katzen betrachten ihren Menschen so sehr als Pseudo-Katzenmutter, dass sie von allem fressen möchten, was er gerade auf dem Teller hat – aber hoffentlich nicht herausrückt, weil es für Miezes Gesundheit nicht zuträglich ist.

INFO

Vorsicht mit BARF

»Zurück zur Natur!« auch für Katzen? Der Trend heißt BARF und steht für »Biologisch Artgerechte Rohfütterung«. Gemeint ist damit die ausschließliche Ernährung mit rohem Frischfleisch. Ohne profunde Kenntnisse über den Nährstoffbedarf der Katze geht das jedoch nicht. Reines Muskelfleisch enthält zu viel Phosphor, bei alleiniger Fütterung kann es zum Nierenversagen führen. Die Zugabe von Kalzium ist daher wichtig. Auch Vitamine und Mineralstoffe müssen zugesetzt werden.

73. Gras fressen: Warum frisst unsere Katze im Garten regelmäßig Gras?

?

Gras und ähnliches Grünzeug dient Ihrer Katze in erster Linie als Verdauungshelfer. Kleine Knochen und Federn werden vom starken Katzenmagen mitverdaut. Beide stellen übrigens eine wichtige Kalziumquelle für den Katzenorganismus dar. Haare, Zähne und dicke Knochensplitter sind jedoch auch für Katzenmägen unverdaulich. Damit diese Ballaststoffe vollständig und leicht ausgeschieden werden können, leisten die Grashalme der Katze gute Dienste. Überwiegend wird das Ballastmaterial mit dem Kot ausgeschieden. Wenn die Katze aber bei der Fellpflege besonders viele Haare verschluckt hat – was vor allem bei Langhaarkatzen fast schon die Regel ist –, erbricht sie auch Haarballen, die mit Gras und Schleim vermischt sind. Die Grashalme scheinen dabei den Brechreiz zu fördern. Nicht zuletzt liefert Gras dem Katzenkörper verschiedene wichtige Vitamine, allen voran Folsäure. Katzen, die ausschließlich in der Wohnung gehalten werden, sollte daher unbedingt immer eine Schale oder ein Blumentopf mit Katzengras zur Verfügung stehen.

1 *Wenn man seinen Katzen keine Gelegenheit bietet, Gras zu fressen, knabbern sie häufig an grasartigen Zimmerpflanzen.*

2 *Ein Blumentopf mit Katzengras reicht schon aus, um die Wohnungskatze mit dem für sie wichtigen Grünzeug zu versorgen.*

74. Harn absetzen: Verhalten sich Kätzinnen und Kater beim Urinieren unterschiedlich? ?

Beim normalen Harnlassen gibt es bei Katzen keinen Unterschied zwischen den Geschlechtern: Kater wie Kätzin bleiben dabei auf allen vier Pfoten stehen und senken lediglich ihr Hinterteil ab. Beide kennen aber auch noch eine andere Art, den Urin abzusetzen. Das passiert im Stehen, der Schwanz zeigt steil nach oben, und die Katze spritzt den Harn mit Druck gegen eine senkrechte Fläche. Diese Form des Harnabsetzens dient der Markierung im Revier (→ Seite 20) bzw. als Botschaft an andere Katzen, dass man hier war und dass dieses Areal Privatbesitz ist. Kater, und zwar hauptsächlich die nicht kastrierten, verspritzen ihren Harn sehr viel häufiger als Kätzinnen.

75. Hundefutter: Unseren Kater zieht es immer wieder einmal zum Fressnapf unseres Golden Retrievers. Sollen wir ihn gewähren lassen, oder ist Hundefertigfutter schädlich für ihn? ?

Fertigfutter für Katzen enthält sehr viel Eiweiß, meist in Form von Fleisch, Fisch oder Milchprodukten. Eine eiweißreiche Kost ist für die Katze unverzichtbar. Ihr Organismus kann die lebenswichtige Aminosäure Taurin nicht selbst produzieren, Taurin muss also mit der Nahrung aufgenommen werden. Im Hundefertigfutter ist der Anteil an Fleisch relativ gering, der von Kohlenhydraten dagegen hoch. Langfristig stellen sich bei einer Katze, die sich ständig von Hundefutter ernährt, Mangelerscheinungen ein. Ihr Immunsystem wird geschwächt, das Fell verliert an Glanz und wirkt struppig, die Sehkraft lässt nach. Nicht viel anders sieht es bei Hunden aus, die von Katzenfutter leben: Die für sie viel zu energiereiche Nahrung hat sehr schnell Gewichtsprobleme zur Folge, die fehlenden Kohlenhydrate führen zur Unterversorgung mit wichtigen Nährstoffen. Wenn Katze oder Hund ab und zu einmal beim Futternaschen »fremdgehen«, ist das sicher kein Beinbruch, auf Dauer aber sollte sich jeder mit seiner Futterschüssel begnügen.

76. Knochen abnagen: Manchmal geben wir unserer Katze einen Kalbsknochen. Der ist bald blitzblank abgenagt. Wie macht sie das?

?

Um Fleischreste von dicken Knochen abzulösen, setzt die Katze ihre Schneidezähnchen ein. Anders als der Name vermuten lässt, kann sie mit den jeweils sechs kleinen Zähnen im Ober- und Unterkiefer zwar nicht schneiden, die Schneidezähne bilden aber regelrechte Schaber, mit denen man wunderbar die Fleischfasern

DAS GEBISS DER KATZE

ZAHNTYP	FUNKTION
Eck- oder Fangzähne	Wie alle Raubtiere verfügt die Katze über dolchartige Eckzähne. Mit diesen Fangzähnen kann sie ihre Beutetiere packen, festhalten und rasch töten.
Vorbacken- und Backenzähne	Die hinteren Zähne sind spitzhöckerig und sehr scharfkantig und dienen zum Zerteilen der Nahrung.
Reißzähne	Als Reißzähne bezeichnet werden der hinterste Vorbackenzahn im Oberkiefer und der untere Backenzahn. Sie haben die Funktion einer Schere. Mit ihnen ist die Katze in der Lage, Fleischstücke zu zerschneiden und dünnere Knochen zu zerbrechen.
Schneidezähne	Mit ihren je sechs Schneidezähnen im Ober- und Unterkiefer kann die Katze höchstens Fleischreste von dicken Knochen abraspeln. Die winzigen Zähne dienen vor allem zur Fellpflege.

vom Knochen trennen kann. Darüber hinaus fungiert die Zunge der Katze mit ihren unzähligen winzigen Hornzäpfchen auf der Oberfläche als wirkungsvolle Raspel. Mit etwas Geduld und vielen Zungenschlägen löst Mieze damit auch die kleinsten Fleischreste von einem Knochen.

77. Kot absetzen: Setzen frei lebende Katzen ihr Geschäft immer an derselben Stelle ab, haben sie also gewissermaßen auch eine »Toilette« wie die Wohnungskatzen? ?

Bauernhofkatzen und wild lebende Straßenkatzen benutzen keine festen Toilettenplätze. Nichtsdestotrotz befolgen sie einige „Geschäftsregeln«. So setzen sie ihre Exkremente auf keinen Fall in der Nähe ihrer Schlafplätze ab und auch nicht neben dem Fressplatz. In der Natur harnen sie auch nicht an den Stellen, wo sie ihren Kot abgesetzt haben. Wenn Hauskatzen die aufgestellte Katzentoilette brav für beides benutzen, zeigt das einmal mehr ihre Anpassungsfähigkeit und die Bereitschaft, die Bedingungen im Zusammenleben mit dem Menschen zu akzeptieren. Während der Harn einfach im Boden versickert, suchen sich Katzen für das »große Geschäft« gewöhnlich eine Stelle mit lockerem Untergrund, etwa Sand oder loser Erde, wo sie ihre Hinterlassenschaft ohne großen Aufwand vergraben können.

78. Kot absetzen – im Nachbargarten: Warum verrichtet unsere Jenny ihr »Geschäft« immer im Garten unserer Nachbarn, aber so gut wie nie auf unserem eigenen Grundstück? ?

Katzen sind gemeinhin sehr bemüht darum, ihr Heim 1. Ordnung (→ Seite 21) von Verunreinigungen frei zu halten und ihr Zuhause überdies nicht durch stark riechende Exkremente zu verraten. Bei einem kleinen

Garten kann es durchaus sein, dass in den Augen der Katze die Gartengrenze noch nicht weit genug von ihrem Lebensmittelpunkt entfernt liegt und sie daher eine abgelegenere Stelle als Kotplatz für geeigneter hält – zumal Zäune von Katzen nicht automatisch als Grenze betrachtet werden. Möglicherweise findet Ihre Jenny im Nachbargarten aber einfach schönere Plätze zum Buddeln als auf Ihrem Grundstück. Frisch geharkte Blumenbeete mit lockerer Erde oder ein Sandkasten sind aus Katzensicht ideale Toiletten. Machen Sie Jenny doch ein verlockendes Angebot und bieten Sie ihr im eigenen Garten einen Buddelplatz an.

79. Kot absetzen – wie oft: **Sucht eine Katze mehrmals am Tag ihre Toilette auf?**

Normalerweise produzieren Katzen ein- bis zweimal am Tag ein »großes Geschäft«, was aber natürlich auch davon abhängig ist, wie viel sie gefressen haben. Wenn zum Beispiel der Stuhlgang nach ein oder zwei Tagen im Hungerstreik (→ Seite 79) für 24 Stunden ausbleibt, ist das für den Halter noch kein Grund zur Sorge. Wichtig ist vor allem die Konsistenz des Kots. Er muss deutlich geformt, darf aber nicht zu hart sein. Bei Durchfall sucht die Katze ihre Toilette entsprechend häufiger auf, umgekehrt kann es bei sehr hartem Kot relativ leicht zur Verstopfung kommen. Manche Katzen neigen bereits von Haus aus zur Verstopfung. Davon betroffen sind vor allem ältere Tiere, aber auch übergewichtige und infolgedessen eher träge Sofatiger. Auch Perserkatzen leiden häufiger unter Verstopfung, weil ihre langen Haare, die sie beim Fellputzen mit der Zunge aufnehmen, in ihrem Verdauungstrakt nicht selten zu dicken Haarballen verklumpen. Als Hausmittel bei gelegentlicher Verstopfung hilft Butter oder Sahne (→ Tipp, rechts). Halten Verstopfung oder Durchfall jedoch länger an, sind sie eine ernste Gesundheitsgefahr. Dann muss die Katze unbedingt dem Tierarzt vorgestellt werden.

80. Kot verscharren: Einer unserer beiden Kater verscharrt seinen Kot, während der andere ihn immer offen liegen lässt. Hat er nicht gelernt, sein »Geschäft« ordentlich zu verrichten?

?

Von Natur aus vergraben Katzen ihren Kot nicht aus purer Reinlichkeit, das Verbuddeln hängt vielmehr mit ihrer Rangstellung bzw. ihrem Selbstbewusstsein zusammen. Während untergeordnete Katzen ihr »Geschäft« verscharren, um zu verhindern oder abzumildern, dass sich der Geruch ausbreitet, lassen sehr selbstbewusste und dominierende Katzen den Kot unbedeckt liegen. Im Freiland platzieren sie ihn sogar oft extra an exponierten, möglichst erhöht liegenden Plätzen. Das heißt dann: »Es darf jeder wissen, dass ich hier war. Ich habe keine Angst, ich verstecke mich nicht.« Das unterschiedliche Toilettenverhalten Ihrer Kater macht klar, wer von beiden »die Hosen anhat«.

EXTRATIPP

Butter beugt Verstopfung vor
Wenn Ihre Katze zur Verstopfung neigt und ihr Kot sehr hart ist, hilft meist ein täglicher Teelöffel Butter oder ein kleiner Klecks Sahne. Das lässt den Nahrungsbrei im Darm besser rutschen. Aber bitte nicht übertreiben, sonst führen die Extrakalorien schnell zu Übergewicht. Auf Dauer sollte die Verdauung über ballaststoffreiches Futter reguliert werden.

81. Rupfen der Beute: Vertilgt die Katze Mäuse mit Haut und Haar? Und wie macht sie es bei einem Vogel?

?

Von einer erbeuteten Maus bleibt in der Regel tatsächlich kaum etwas zurück, der kleine Nager wird von der Katze buchstäblich mit Haut und Haar verputzt. Zurück bleiben nach dieser Mahlzeit höchstens Magen und Darm mit dem angedauten Inhalt sowie

Brav benutzt die Katze die Toilette – vorausgesetzt, das »Örtchen« erfüllt ihre ganz speziellen Ansprüche.

der harte und wenig nahrhafte Schwanz. Von Vögeln lassen Katzen auch nicht viel übrig, meist nur den unverdaulichen Schnabel und die Beine. Kleinere Singvögel werden mitsamt dem Federkleid gefressen, die Jägerin beißt lediglich die großen Flügel- und Schwanzfedern direkt am Kiel ab und lässt sie liegen. Bei größeren Vögeln, etwa ab Amselgröße, hingegen kommt für gewöhnlich vor dem Fressen das Rupfen. Dazu packt die Katze ein Büschel Federn nach dem anderen mit den Vorderzähnen und zieht sie aus der Haut heraus. Mit raschen Zungenbewegungen schiebt sie das Federbüschel dann wieder aus dem Maul und schleudert es mit heftiger Kopfbewegung weg. Die großen Schwung- und Schwanzfedern beißt sie auch hier einfach am Kiel durch. Während es also noch relativ manierlich zugeht, wenn Ihre Katze auf der Terrasse oder gar im Wohnzimmer eine Maus frisst, werden Sie von einer im Haus zerlegten und verspeisten Amsel kaum begeistert sein, weil sich danach gefühlte drei Millionen Federchen in jedem Winkel der Wohnung niederlassen.

82. Toilette – Einstreu: Kann ich ohne schlechtes Gewissen die preisgünstigste Einstreu aus dem Zoofachhandel oder Supermarkt verwenden? ?

In gesundheitlicher Hinsicht können Sie mit der Einstreu für die Katzentoilette wenig falsch machen, ob Sie nun die billigste oder die teuerste Sorte kaufen. Was Ihre Katze zu dem Thema sagt, steht allerdings auf einem anderen Blatt. Manche Stubentiger sind in puncto Einstreu mindestens ebenso heikel wie beim Futter und bestehen auf einer ganz bestimmten Sorte, meist der, die sie seit Jahren gewohnt sind. Sollten sie plötzlich mit der »falschen« Einstreu in ihrer Toilette konfrontiert werden, wird das Örtchen fast immer boykottiert und der Unwillen durch demonstratives Danebenpinkeln ausgedrückt. In einem solchen Fall lassen Sie sich am besten nicht auf einen Machtkampf mit der Katze ein. Ihre Mieze sitzt eindeutig am längeren Hebel und hält ihren anrüchigen Protest bei Bedarf über Wochen durch. Bis dahin hat ihr genervter Halter aber meist schon längst klein beigegeben und seiner Diva wieder die geforderte Einstreu in die Toilettenschale gefüllt.

83. Toilette – Scharren: Manche Katzen scharren fast nach jedem Toilettengang neben statt in ihrer Toilettenschale. Warum machen sie das? ?

Die Scharrbewegungen neben der Toilette können unterschiedliche Ursachen haben. Die einfachste Erklärung: Möglicherweise ist der Katze die Toilette schlichtweg zu klein. Sie braucht zum Scharren viel Platz, um mit den Vorderbeinen weit ausholende Bewegungen machen zu können. Wenn das nicht in der Toilette geht, dann eben daneben. Der wahrscheinlichste Grund hängt jedoch mit den Instinkten der Katze zusammen. In freier Natur benutzen Katzen nämlich nach Möglichkeit nie zweimal dieselbe Stelle für ihr »Geschäft«. Sie würden beim Verscharren der zweiten Hinterlassenschaft schließlich Gefahr laufen, die Exkremente der vorherigen »Sitzung« freizulegen. Die Katzentoilette wird zwar täglich gereinigt, für die feine Katzennase aber haftet ihr dennoch der Geruch nach Toilettenplatz an. Dass Mieze sie trotzdem brav benutzt, macht deutlich, wie sehr sie sich den Lebensbedingungen in der Partnerschaft mit dem Menschen anpasst. Beim Scharren neben der Toilette kommt aber bei manchen Katzen dann manchmal doch das alte Wissen ihrer Vorfahren wieder durch: »Nie zweimal an derselben Stelle!«

84. Toilette – Standort: Welchen Toilettenplatz würde eine Katze bevorzugen, wenn sie selbst wählen könnte? ?

Auf jeden Fall einen ruhigen, ungestörten Platz abseits des Familientrubels. Katzen lassen sich ungern beim Toilettengang zusehen. Und außerdem so weit wie möglich vom Futterplatz entfernt. Das entspricht ihrer natürlichen Verhaltensweise, sich nie neben dem Fressplatz zu erleichtern. Sie würde auch alle Plätze meiden, wo sie während des Toilettengangs erschreckt werden kann, etwa durch die Türklingel im Flur oder eine Waschmaschine, die plötzlich in den rumpelnden Schleudergang schaltet. Solche Schreckerlebnisse verleiden der Katze die weitere Benutzung des Örtchens.

85. Toilettenhaube: Wir haben eine Toilette mit Abdeckhaube gekauft. Jetzt verweigert unsere Katze die Benutzung. Woran liegt das? ?

In freier Natur käme keine Katze auf die Idee, eine dunkle und enge Höhle aufzusuchen, um dort ihr »Geschäft« zu verrichten. Sie will ihre Umgebung stets im Auge behalten können, auch wenn sie sich gerade erleichtert. Die Katze ist zudem ein ausgeprägtes Gewohnheitstier und akzeptiert nur die Toilette und die Einstreu (→ Seite 88), mit der sie vertraut ist. Dazu kommt, dass Gerüche in einer geschlossenen Katzentoilette verstärkt werden, da unter der Haube kaum ein Luftaustausch stattfindet. Das kann der Geruch der Exkremente sein, aber auch der von parfümierter Einstreu oder – besonders bei noch neuen Toiletten – des Kunststoffmaterials. Alles wenig einladend für die feine Katzennase. Sofern die Toilettenverweigerung

Ihrer Katze nicht von ungewohnter oder verschmutzter Einstreu verursacht wird, lohnt der Versuch, sie allmählich an die neue Situation zu gewöhnen. Lassen Sie die Abdeckhaube zunächst weg, danach stellen Sie sie für einige Tage hochkant so neben die Unterschale, dass sich eine Art Halbhöhle ergibt. Im Folgeschritt kommt die Haube aufs Unterteil, wobei aber ein Abstandshalter im hinteren Teil einen Licht- und Luftspalt offen lässt. Ganz zum Schluss konfrontieren Sie Ihre Katze dann mit der geschlossenen Toilette.

86. **Trinken aus Pfützen: Unser Kater trinkt mit Vorliebe aus Pfützen oder aus der Gießkanne, obwohl sein Trinknapf immer frisch gefüllt wird. Was reizt ihn an abgestandenem Wasser?** ?

Mit seiner Vorliebe für abgestandenes Wasser ist Ihr Kater nicht alleine. Viele Katzen sind wenig angetan von frischem Leitungswasser, weil sie das zugesetzte Chlor riechen. Eventuell gefällt Ihrem Kater auch der Standort seines Trinknapfs nicht. Er sollte nicht unmittelbar neben dem Futternapf stehen, sondern in einer anderen Ecke des Raums oder der Wohnung. In der afrikanischen Savanne mussten die Vorfahren unserer Hauskatzen auch oft weite Strecken zwischen Fressplatz und Wasserstelle zurücklegen. Doch keine Sorge: Das abgestandene Wasser aus Gießkanne oder Regenpfütze schadet Ihrem Kater nicht.

87. **Trinken – Milch: Es heißt doch, dass Katzen keine Kuhmilch vertragen. Warum können dann aber viele Bauernhofkatzen regelmäßig Milch trinken, ohne krank zu werden?** ?

Der Stoff in der Kuhmilch, mit dem viele erwachsene Katzen Probleme haben, ist der Milchzucker (Laktose). Im Säuglingsalter besitzen Katzenkinder noch ein bestimmtes Enzym im Verdauungstrakt, das die in der

Muttermilch vorhandene Laktose abbauen kann. Im Organismus erwachsener Katzen kommt das Enzym normalerweise nicht mehr vor, da sie es als Fleischfresser ja auch nicht mehr brauchen. Mit dem Milchzucker kann ihr Verdauungssystem also nichts mehr anfangen, er verursacht Magenprobleme und Durchfall. Wenn eine Katze vom Kätzchenalter an regelmäßig Milch zu trinken bekommt, wie es auf vielen Bauernhöfen üblich ist, bleibt das Laktose-abbauende Enzym auch dann noch erhalten, wenn die Kätzchen nicht mehr von der Mutter gesäugt werden. Da ihr Körper den Milchzucker verarbeiten kann, haben Bauernhofkatzen auch keinerlei Beschwerden, wenn sie Milch trinken.

88. **Trinken – Technik: Hunde schlabbern beim Trinken vernehmlich, Katzen sind dabei sehr viel leiser. Ist dafür eine spezielle Trinktechnik verantwortlich?** ?

Mit Zeitlupenaufnahmen haben Wissenschaftler die Zungentechnik der leckenden Katze enthüllt: Sie streckt die Zunge ins Wasser und zieht sie ruckartig wieder hoch, wobei durch die raue Zungenoberfläche Tröpfchen in die Luft geschleudert werden. Bevor die

INFO

Giftige Zimmerpflanzen
Katzen knabbern oft an Topfpflanzen, vor allem wenn ihnen kein Katzengras zur Verfügung steht. Da Ihre Lieblinge aber nicht zwischen bekömmlichem und giftigem Grün unterscheiden, sollten Sie sich als Katzenhalter von giftigen Pflanzen trennen. Dazu zählen unter anderem Alpenveilchen, Azalee, Dieffenbachie, Hortensie, Kalla, Philodendron, Weihnachtsstern und Primel. Weitere Informationen über giftige Pflanzen unter www.botanikus.de/Botanik3/Tiere/Katzen/katzen.html

Tropfen zurückfallen, formt die Katze ihre Zunge zu einem flachen »Löffel« und fängt die Wassertröpfchen damit auf, um sie nun ganz gesittet ins Mäulchen zu führen. Nach drei oder vier solcher Zungenschläge schluckt die Katze die im Mund gesammelte Flüssigkeit dann ab. Wer nun aber glaubt, dass er bei einer Wasser trinkenden Katze den Wischlappen überhaupt nicht braucht, liegt nicht ganz richtig. Denn völlig ohne Spritzer neben der Wasserschüssel geht es selbst beim manierlichsten Stubentiger nicht ab.

89. Trinkverhalten: Viele Katzen trinken relativ wenig. Woran liegt es, dass sich dieses Verhalten mit zunehmendem Alter noch verstärkt? ?

Den Katzensenioren geht es bei der Flüssigkeitsaufnahme nicht anders als älteren Menschen: Bei ihnen lässt das Durstempfinden immer mehr nach. Katzen, die zu wenig trinken, bekommen Probleme mit den Nieren, und der gesamte Mineralstoffhaushalt ihres Körpers gerät aus dem Gleichgewicht. Das ist vor allem dann der Fall, wenn die Katze viel oder sogar ausschließlich Trockenfutter zu fressen bekommt. Man kann eine ältere Katze mit verschiedenen Tricks zum Trinken animieren:

➤ Stellen Sie mehrere Trinknäpfe an verschiedenen Stellen der Wohnung auf, damit die Katze gleichsam immer wieder »darüberstolpert« und durch den Anblick der Wasserschüssel ans Trinken erinnert wird.

➤ Bringen Sie die Katze auf den Geschmack, indem Sie dem Wasser einige Tropfen Katzenmilch, Sahne oder Kondensmilch zusetzen.

➤ Lassen Sie einen Wasserhahn ganz leicht vor sich hin tropfen. Tröpfelndes Wasser zieht viele Katzen magisch an, sie versuchen die Wassertropfen mit der Pfote zu fangen und trinken dann auch davon.

➤ Ein Zimmerbrunnen sieht nicht nur dekorativ aus, er regt durch sein Plätschern auch viele Katzen dazu an, ihn als Trinkgefäß zu nutzen.

Schlafen und wohlfühlen

Es entspannt herrlich, wenn man einer schlafenden, sich putzenden oder räkelnden Katze zusieht. Aber was bedeutet ein solches Verhalten? Und fühlt sich die Katze wohl dabei? Dieses Kapitel liefert die richtigen Antworten.

90. Fell lecken: Was hat es damit auf sich, dass sich Katzen an sehr heißen Tagen ständig das Fell lecken?

Katzen besitzen nur an wenigen Stellen des Körpers Schweißdrüsen (zum Beispiel an den Pfotenballen). Ihre Schweißproduktion reicht daher nicht aus, um bei großer Hitze für die wirksame Kühlung des Körpers zu sorgen. Doch Katzen wissen sich zu helfen: Mit der Zunge verteilen sie Speichel an allen Körperstellen, die sie erreichen können. Im Gesicht und an den Ohren kommen die Pfoten zum Einsatz, die vorher ausgiebig beleckt werden. Beim Trocknen des Speichels entsteht Verdunstungskälte, die eine ähnlich kühlende Wirkung hat wie bei uns Schweiß auf der Haut. Dass sich Katzen während eines längeren Sonnenbads oft eifrig putzen, hat noch einen weiteren Grund: Die UV-Strahlung im Sonnenlicht erzeugt auf ihrer Haut das Vitamin D. Mit der Zunge nehmen die Katzen beim Belecken des Fells das für ihre gesunde Ernährung essenzielle Vitamin dann auf.

91. Fellpflege: Unsere Katze putzt sich immer dann ausgiebig und hektisch, wenn sie von fremden Menschen gestreichelt wurde. Was stört sie an diesen Berührungen?

Viele Katzen kommen in die Bredouille, wenn sie von Menschen gestreichelt werden, die sie nicht kennen. Sie empfinden die fremde streichelnde Hand nicht als angenehm, sondern eher als eine unerwünschte und aufdringliche Vertraulichkeit. Weil die Katze aber die freundliche Absicht des Menschen registriert, bleibt sie ihrerseits freundlich und lässt die Liebkosung über sich ergehen. Doch sofort im Anschluss macht sie sich schleunigst daran, ihr Fell wieder in Ordnung zu bringen und den fremden Duft loszuwerden. Erst wenn der vertraute Eigengeruch wieder hergestellt ist, gibt sie sich zufrieden und stellt die Putzaktion ein.

92. Fellpflege – Technik: Wie schaffen es Katzen, dass ihr Fell immer sauber und gepflegt ist?

Putzen, putzen und nochmals putzen heißt die Devise für die Katze: Gesunde Hauskatzen wenden täglich im Durchschnitt immerhin dreieinhalb Stunden für die Pflege ihres Körpers auf – unabhängig davon, ob sie ein kurzes oder langes Fell haben. Die gründliche Fellpflege ist ihnen angeboren, sie hat ihren Ursprung bei den kurzhaarigen Falbkatzen der Halbwüsten Afrikas, den wild lebenden Vorfahren unserer Katzen. Heutige Langhaar-Zuchtrassen brauchen gewöhnlich etwas Hilfestellung vom Halter, damit ihr voluminöser Pelz nicht verfilzt. Auch kranke und sehr alte Katzen vernachlässigen die Fellpflege manchmal und benötigen dann ebenfalls Assistenz von ihrem Menschenfreund. Normalerweise aber bearbeitet eine Katze ihr Fell penibel und mit großer Ausdauer mit der Zunge. Auf deren Oberfläche sitzen winzige, verhornte Zäpfchen, die wie eine Bürste wirken und Hautschuppen, lose Haare, Schmutz und Ungeziefer entfernen. Verfilzten und verklebten Haaren und besonders wirren Stellen rückt Mieze mit den Schneidezähnen (→ Seite 84) zu Leibe, beknabbert mit ihnen das Fell und zieht die Haarbüschel durch die Zähne, bis alles ordentlich ist. Bei Körperregionen, die trotz aller Gelenkigkeit mit der Zunge nicht erreichbar sind, nimmt sie ihre Vorderpfoten zu Hilfe, beleckt sie und fährt mit ihnen immer wieder über Gesicht, Ohren und Nacken, bis sie auch hier jedes Schmutzpartikelchen entfernt hat. Und das alles natürlich mehrmals täglich.

Nicht nur das Fell, auch die Pfotenballen werden regelmäßig sorgfältig gereinigt – am liebsten an einem sonnigen Platz.

93. Gähnen: Ich habe gelesen, dass ein Nilpferd eigentlich drohend seine Hauer zeigt, wenn es mit aufgerissenem Maul vermeintlich »gähnt«. Ist das bei der Katze ähnlich? ?

Gähnen kann bei der Katze einfach ein Zeichen von Müdigkeit oder Langeweile sein – nicht anders wie bei uns selbst. Aber nicht selten besitzt es tatsächlich auch Signalcharakter. Nur will eine gähnende Katze nicht drohen wie das Flusspferd, sondern hat genau das Gegenteil im Sinn: Sie bringt auf diese Weise ihre entspannte Grundstimmung und friedliche Absicht zum Ausdruck. Vor allem in Stresssituationen dient das Gähnen als wirkungsvolle Beschwichtigungsgeste. Zum Beispiel, wenn die Katze von einer Artgenossin zornig und streitlustig angestarrt wird, sie selbst aber einem Streit gern aus dem Weg gehen möchte. Also gähnt sie ihr Gegenüber demonstrativ an. Und weil Gähnen ansteckend ist, überträgt sich die friedliche Stimmung häufig auch auf die Kontrahentin und verhindert so eine Auseinandersetzung. Das können Sie selbst ausprobieren: Gähnen Sie Ihre Katze an, wenn sie einmal verunsichert ist. Sie wird es als freundliche Geste auffassen und sich schnell beruhigen.

94. Köpfchengeben: Warum reiben Katzen regelmäßig Kopf und Flanken an Gegenständen und an vertrauten Menschen? ?

Beim Köpfchengeben und Flankenreiben markiert die Katze ihr Wohnrevier und auch zu ihr gehörende Menschen mit ihrem Körpergeruch (→ Seite 15). Der stammt aus Duftdrüsen an Kopf und Flanken, ist für den Menschen nicht wahrnehmbar, wohl aber für die Katze. Indem die Katze den Duftstoff in ihrem Heim 1. Ordnung (→ Seite 21) verteilt, sorgt sie dafür, dass alles nach ihr riecht, was sie als ihren Besitz betrachtet (inklusive der Menschen). Das stärkt ihr Wohlbefinden und das Gefühl der Geborgenheit.

95. **Kopfschütteln: Warum schüttelt mein Kater Felix jedes Mal den Kopf, nachdem man ihm freundlich über den Kopf gestreichelt hat?**

Dass Katzen kurz den Kopf schütteln, wenn man sie vorher hier berührt oder gestreichelt hat, lässt sich immer wieder beobachten. Das trifft vor allem auf Tiere zu, die gerade in Bewegung oder anderweitig aktiv sind, weniger auf Stubentiger, die behaglich und entspannt auf dem Sofa liegen. Selbst wenn die Hand des Menschen ganz sanft über den Kopf der Katze streicht, verbiegen sich die Vibrissen, also die längeren Gesichtshaare – vielleicht nicht unbedingt die großen Schnurrhaare, aber doch die etwas kleineren und über den Augen sitzenden Tasthaare. Das heftige Schütteln des Kopfs sorgt dafür, dass sich diese Haare wieder ordentlich aufstellen. Für die Katze ist die richtige Position der Vibrissen wichtig, da die Tasthaare den empfindlichen Nahbereich um Gesicht und Kopf (→ Seite 60) kontrollieren. Sie melden der Katze zum Beispiel, ob ihr Kopf und ihr Körper durch ein Schlupfloch passen, und sorgen dafür, dass sich ihre Augen blitzschnell schließen, wenn ein Objekt die Vibrissen im Augenbereich berührt. Beim Streicheln klappt manchmal eine Ohrmuschel um. Auch sie lässt sich durch kurzes Kopfschütteln wieder aufrichten. Es gibt Katzen, die jede Berührung am Kopf mit einem Kopfschütteln quittieren.

EXTRATIPP

Kopfschütteln: Verdacht auf Ohrmilben
Wenn Ihre Katze immer wieder den Kopf schüttelt – auch dann, wenn sie vorher nicht am Kopf berührt wurde –, sollten Sie mit ihr zum Tierarzt gehen. Ständiges Schütteln ist oft ein Hinweis auf einen Juckreiz, der von Ohrmilben verursacht wird. Aber auch eine Ohrenentzündung kann der Auslöser sein, ebenso ein Fremdkörper, der im Gehörgang feststeckt.

96. Körperhaltung: Was ist damit gemeint, wenn von der »Kleinkatzenstellung« die Rede ist? ?

Zweifellos ist es eine ihrer Lieblingsbeschäftigungen: Die Katze sitzt einfach nur da und beobachtet ihre Umgebung. Das passiert meist in einer bestimmten Körperhaltung: Sie liegt auf dem Bauch und hat die Vorderbeine gegeneinander unter die Brust geschlagen. Weil man diese Haltung bei den verschiedensten wild lebenden kleinen Katzenarten, nicht aber bei Großkatzen wie Löwe, Tiger und Leopard beobachten kann, wird sie häufig als »Kleinkatzenstellung« bezeichnet. Etwas bildhafter und fantasievoller sprechen manche auch von der »Kaffeewärmerposition«.

97. Körperpflege – Bedeutung: Cosima putzt sich häufig, obwohl sie als Wohnungskatze nie schmutzig wird. Warum macht sie das? ?

Die Katze widmet sich der Pflege von Körper und Fell aus mehreren Gründen:

➤ Mit ihren Schneidezähnchen entfernt sie wie mit einem Kamm Schmutzpartikel aus dem Fell. Die raue und feuchte Zunge befreit das Fell von Krümeln, Staub und sonstigen Verschmutzungen und glättet es.

INFO

Fellpflege: Probleme mit der Sauberkeit

➤ Eine Katze, die sich zu wenig oder gar nicht mehr putzt, gibt immer Anlass zur Sorge. Möglicherweise ist ihre Zunge verletzt oder entzündet, es kann aber auch eine ernste Erkrankung dahinterstecken. Das muss der Tierarzt abklären.

➤ Übermäßiges Putzen führt zu kahlen oder wunden Stellen an Bauch oder Beinen. Mögliche Ursachen: Juckreiz wegen Parasitenbefall oder Allergie, Stress oder eine psychische Erkrankung (→ Seite 242). Auch hier ist der Tierarzt gefragt.

➤ Diese Aktivitäten regen auch die Talgdrüsen an den Haarwurzeln an, deren spezielles Fett dann im Haarkleid verteilt wird. Das Hautfett sorgt nicht nur für ein glänzendes und geschmeidiges Fell, es macht es auch wasserabweisend. Zugleich versorgt und pflegt es die äußere Hautschicht. Dieser Hautbereich ist ein wichtiger Schutzschild, der das Eindringen von Pilzen und anderen Krankheitserregern verhindert. (Beim Menschen funktioniert das ähnlich, weshalb wir zum Teil mit einer Hautcreme nachhelfen.)

➤ Das kräftige Belecken des Fells und der Haut fördert die Durchblutung der äußeren Hautschichten.

➤ Bei großer Hitze verschafft sich die Katze durch Einspeicheln des Fells Kühlung (→ Seite 96).

➤ Schließlich können Putzaktionen auch hilfreich sein, um Unsicherheit und Stress abzubauen. Gerät eine Katze in eine unüberschaubare Situation, in der sie sich nicht entscheiden kann, versucht sie die Anspannung nicht selten durch kurzes, meist hektisches Putzen zu lösen. Die Verhaltensbiologen bezeichnen ein derartiges, nicht zur konkreten Situation passendes Verhalten als Übersprunghandlung.

98. Körperpflege – gegenseitig: Ich habe schon mehrmals beobachtet, wie unsere ältere Katze dem neu ins Haus gekommenen Jungkater das Fell leckt. Ist das ein Zuneigungsbeweis? ?

Diese soziale Aktion ist zumindest der Beweis dafür, dass Ihre Katze den Neuzugang als Familienmitglied akzeptiert. Um die gegenseitige Körperpflege bei den Katzen zu verstehen, muss man einen Blick auf ihr Familienleben werfen: Katzenkinder werden in den ersten Lebenswochen ausschließlich von ihrer Mutter gepflegt. Schon bald aber versuchen sie sich an ersten eigenen Putzbewegungen und können sich mit knapp sechs Wochen selbst sauber halten. Trotzdem werden sie weiterhin von der Mutter geputzt, lecken sich aber auch gegenseitig das Fell. Das sorgt natürlich für besondere Sauberkeit, dient jedoch in erster Linie dazu, den einheitlichen Familiengeruch aufrechtzuerhalten. Der gemeinsame Duft verbindet. Wenn sich erwachsene Katzen gegenseitig putzen, ist das eine starke freundschaftliche Geste. Vorzugsweise wird dabei der Kopfbereich gesäubert, weil dort die eigene Zunge nicht hinkommt und das Selberputzen mit der Pfote beschwerlich und nicht so effektiv ist. Die sanfte Massage mit der Zunge vermittelt ein angenehmes und beruhigendes Gefühl, der enge Kontakt fördert das Vertrauen zueinander. Bei Ihrer älteren Katze mag zusätzlich auch noch eine gewisse mütterliche Ader eine Rolle spielen, wenn sie sich so hingebungsvoll um den jungen Kater kümmert.

99. Krallenwetzen: Muss man jeder Katze die Möglichkeit bieten, die Krallen zu wetzen?

?

Definitiv ja. Die Katze zieht ihre Krallen mit kurzen und kräftigen Zügen über Holz oder ähnlich raue Strukturen, reinigt sie und löst dabei die losen äußeren Hornschichten ab. Das Krallenwetzen sorgt dafür, dass die Krallen immer scharf und blank bleiben, wie es sich für gute Waffen gehört. Doch Krallenwetzen ist weit mehr als nur Krallenpflege. Es dient nämlich auch der Kennzeichnung des Eigenbezirks (→ Seite 16): Kratzspuren an Baum, Zaun oder der

INFO

Die Weibchen sind reinlicher

Verhaltensforscher haben das Putzverhalten der Hauskatzen und verschiedener Wildkatzenarten unter die Lupe genommen. Sie stellten fest, dass die Weibchen aller überprüften Katzenarten reinlicher sind als ihre männlichen Artgenossen. Die Kätzinnen widmeten sich jeden Tag durchschnittlich eine Viertelstunde länger der Körperpflege.

Der Kratzbaum ist ein unverzichtbares Katzenmöbel. Er dient sowohl zum Krallenwetzen wie zum Klettern.

Sofaecke sind unübersehbare Sichtzeichen. Bei diesem Markieren hinterlassen die Pfoten der Katze zugleich auch einen individuellen Geruch auf der Unterlage. Dieser Duft informiert vorbeikommende Artgenossen sehr präzise darüber, wer die Markierung angebracht hat. Nicht zuletzt stellt das Krallenschärfen auch ein Imponierverhalten dar. So kann man häufig beobachten, dass sich die unterlegene Katze nach der Auseinandersetzung mit einer Artgenossin abwendet und noch in Sichtweite demonstrativ ihre Krallen wetzt, wobei sie meist einen Blick über die Schulter auf die Siegerin des Duells wirft. Das erweckt fast den Eindruck einer Trotzreaktion. Möglicherweise dient es der Verliererin auch dazu, ihr ziemlich angeschlagenes Selbstbewusstsein zumindest etwas wieder aufzurichten.

100. Räkeln: Warum streckt und räkelt sich eine Katze nach jedem Nickerchen ausgiebig? ?

Hier gibt es durchaus eine Parallele zum Verhalten des Menschen in einer ähnlichen Situation: Sich ausgiebig und genüsslich zu räkeln und zu strecken, ist sowohl bei Mensch wie Katze ein Ausdruck des Wohlbefindens. Es gehört zu einem langsamen und entspannten Aufwachen dazu wie das Lächeln zum Glücklichsein. Indem sich das Tier streckt, dehnt es mit sanftem Zug die im Schlaf verkürzten Muskeln und Sehnen und aktiviert den Kreislauf. Es gibt sogar Untersuchungen, die belegen, dass der Organismus der Katze beim Räkeln Endorphine freisetzt. Diese häufig auch als Glückshormone bezeichneten Stoffe wirken sich positiv auf die Gemütsverfassung aus – bei der Katze wie auch bei uns. Nach dem Streckritual sind die Muskeln gelockert und damit leistungsfähiger, und Mieze ist startklar für neue Unternehmungen.

101. Scheu vor Fremden: Warum verkriechen sich manche Katzen, sobald fremde Menschen in die Wohnung kommen?

?

Die meisten Katzen sind selbstbewusst und kommunikativ. Das heißt aber nicht, dass sie sofort mit jedem Fremden Freundschaft schließen. Zurückhaltung und Vorsicht minimieren Risiken – was für wild lebende Katzenarten überlebenswichtig ist, gilt auch noch für die Stubentiger. Also muss der fremde Besucher zuerst einmal in Augenschein genommen werden, ohne dass man zu viel von sich selbst preisgibt. Das klappt am besten aus der Deckung heraus. Unter dem Sofa oder dem Schrank wird man nicht gesehen, kann von hier aus aber alles haargenau beobachten. Und wenn es friedlich abläuft, kommt die Katze irgendwann auch wieder aus ihrem Versteck heraus. Normalerweise bleibt sie aber selbst jetzt noch einige Zeit auf Distanz zum Besuch. Schmusesüchtige Stubentiger, die jedem Fremden sofort um die Beine streichen und ungeniert um Zuwendung betteln, sind eher die Ausnahme.

102. Schlafbedürfnis: Wie viele Stunden schläft eine Katze täglich?

?

Eine Katze schläft deutlich mehr und länger als der Mensch – im Durchschnitt 14 bis 16 Stunden am Tag. Nicht an einem Stück, sondern auf mehrere Siesta-Einheiten verteilt. Wenn es keine Jobs für sie gibt und Mieze sich langweilt oder Dauerregen den Spaß am

Spaziergang durchs Revier verdirbt, können es auch 18 oder gar 20 Stunden sein. Die tägliche Ruhe- und Schlafzeit hängt auch von der Jahreszeit und vom individuellen Temperament der Katze ab. Und verständlicherweise brauchen Senioren im Allgemeinen mehr Schlaf als ihre jüngeren Artgenossen.

103. Schlafen – Geräuschwahrnehmung: Wie kommt es, dass Katzen selbst in lärmender Umgebung schlafen können, beim geringsten fremden Geräusch aber sofort hellwach sind?

Im Schlaf erholt sich der Körper der Katze, doch die Kommandozentrale in ihrem Kopf ist immer noch besetzt. Sie registriert auch jetzt, was ihr von den Ohren weitergeleitet wird. Als unbedenklich eingestufte und vertraute Tonsignale werden ausgefiltert, bei unbekannten Geräuschen hingegen reagiert das Katzenhirn sofort und versetzt den Körper vorsichtshalber in Alarmbereitschaft. Die Katze ist im Handumdrehen hellwach, checkt die Lage und überprüft, ob die fremdartigen Töne eine Gefahr für sie darstellen. In der freien Natur hängt von dieser besonderen Fähigkeit zur selektiven Geräuschwahrnehmung oft genug das Überleben eines Tieres ab.

INFO

Darf die Katze ins Bett?

Katze im Bett: ja oder nein? Für Katzen ist die Antwort klar: Am liebsten immer, es gibt keinen schöneren Platz. Bei ihren Besitzern scheiden sich die Geister. Im Grunde ist es reine Geschmackssache, ob man die Schlafzimmertür schließt oder nicht. Wenn die Katze Freigang hat, lässt sich dabei nie ganz ausschließen, dass sie ab und zu Zecken oder Flöhe mitbringt. Wie auch immer: Ihre Entscheidung sollten Sie konsequent beibehalten. Einmal erlaubt, besteht Mieze auf ihrem Recht.

104. Schlafen in der Kälte: Neulich bin ich im Zusammenhang mit Katzen auf den Begriff »Kälteschlaf« gestoßen. Ist damit vielleicht ein Winterschlaf gemeint?

Nein, Katzen halten auch im kältesten Winter keinen Winterschlaf. Bei sehr tiefen Temperaturen nehmen sie allerdings eine besondere Schlafstellung ein, die von den Biologen als Kälteschlaf bezeichnet wird. Die Katze rollt sich den Bauch nach unten, mit rundem Rücken so eng wie möglich zusammen, legt ihren Schwanz um sich herum und zieht den Kopf so weit nach unten ein, dass die Stirn auf dem Untergrund liegt. In dieser Körperhaltung sind vor allem der besonders kälteempfindliche Bauch und die Stirnpartie optimal geschützt.

105. Schlafen in Höhlen: Warum lieben Katzen Höhlen und dunkle Ecken und schlafen gern in Schränken und Koffern?

Die wild lebende Ahnherrin unserer Hauskatze, die afrikanische Falbkatze, sucht sich eine kleine Höhle, in der sie schläft und in der die Kätzin ihre Jungen großzieht. Auch die Europäische Wildkatze verhält sich so, wie nahezu alle anderen Kleinkatzenarten. Der Unterschlupf kann eine enge Felshöhle sein, eine Baumhöhle oder ein Versteck im dichten Gestrüpp – Hauptsache, die Unterkunft bietet nach allen Seiten Schutz. Dieses Erbe steckt unseren Hauskatzen noch

Schöner wohnen: Katzen fühlen sich in Höhlen und Halbhöhlen wohl und geborgen – ein Erbe ihrer wilden Vorfahren.

tief in den Knochen. Nichts gegen einen weichen Sessel oder das hübsche Körbchen, aber wo immer es die Möglichkeit gibt, bevorzugen viele den Platz in einer Höhle. Besonders wichtig sind Höhlen und Verstecke als Rückzugsplatz, wenn sich die Katze in ihrer Umgebung nicht oder noch nicht sicher fühlt. Wenn eine Katze neu ins Haus kommt, sollten Sie ihr daher auf jeden Fall einen solchen schützenden Unterschlupf anbieten. Gleiches gilt nach Umzug oder anderen Begebenheiten, die eine Katze verunsichern. Es muss aber kein Designer- oder Luxusplüschmodell sein. Ein stabiler und weich ausgepolsterter Karton, aus dem eine Einstiegsluke herausgeschnitten wurde, findet ebenso Anklang.

106. Schlafen – Stressabbau: Neulich gaben wir eine Party und hatten Sorge, ob unser Kater den Trubel verkraftet. Aber er legte sich einfach in eine Ecke und verschlief die ganze Veranstaltung. Woher dieser Gleichmut? ?

Viele Katzen legen in Situationen, die für sie Stress bedeuten und denen sie sich nicht entziehen können, eine bemerkenswerte Fähigkeit an den Tag: Sie verschlafen die schlimme Zeit einfach. Es ist eine Art Scheinschlaf, den Körper eng zusammengekrümmt zu einer verkrampft wirkenden Verschlusshaltung. Verhaltensbiologen nennen so etwas einen Verteidigungsschlaf. Im Grunde ist es eine Vogel-Strauß-Politik: Solange die Katze schläft, bekommt sie von all dem nichts mit, was sie in Angst und Schrecken versetzen könnte. Ganz typisch ist dieses Verhalten für Katzen, die auf Ausstellungen präsentiert werden, wo es laut und hektisch zugeht und ein Katzenkäfig neben dem anderen steht. Katzen, die zuerst extrem ängstlich und gestresst wirken, »geben plötzlich auf«, rollen sich in ihrem Käfig zusammen und halten Siesta. Natürlich gibt es daneben auch die Show-Profis, die völlig cool bleiben, weil ihnen das alles nichts ausmacht.

107. Schlafphasen: Beim Schlaf des Menschen kennt man verschiedene Phasen. Gibt es die auch bei der Katze?

Phasen und Struktur des Schlafs der Katze stimmen mit denen des Menschen überein. Bei der schlafenden Katze wechseln sich Leicht- und Tiefschlafphasen ab, die sich in Art und Intensität der Gehirnaktivitäten unterscheiden. Eine Leichtschlafphase dauert bei der Katze etwa 15 bis 20 Minuten. Während dieser Zeit wacht sie schon beim leisesten Geräusch auf. In der anschließenden, deutlich kürzeren Tiefschlafphase reagiert sie nur auf außergewöhnliche, fremdartige Außenreize. Im Tiefschlaf sind die Muskeln völlig locker, der Körper der Katze wirkt völlig entspannt. Während der Tiefschlafphase durchläuft die Katze eine oder mehrere REM-Phasen, in denen sie träumt (→ Seite 118).

108. Schlafplätze: Mein Kater Charlie hat einen Kratzbaum mit Schlafhöhle. Eine Freundin meint, ich müsste ihm mehrere Schlafplätze anbieten, damit er sich wohlfühlt. Stimmt das?

Katzen lieben es, ihren Schlafplatz zu wechseln. Zum einen liegen sie gern zu verschiedenen Stunden des Tages an verschiedenen Plätzen, zum anderen wählen sie sich manchmal neue Plätze für die Nachtruhe. Dabei sind Katzen ausgesprochen findig, wenn es um geeignete Ruheplätze geht. Ihrer Meinung nach muss es durchaus nicht immer eine teure Plüschhöhle sein. Bevorzugt gewählt werden Sofaecken und Polstersessel, vom Bett des Menschen ganz zu schweigen. Viele Katzen machen es sich auch im Schuhregal oder Kleiderschrank, auf dem Bücherbord, auf Stühlen mit Sichtschutz unterm Tischtuch oder einem Zeitungsstapel bequem. Besonders gut kommt ein Platz an, wenn er weich, warm, ruhig und geschützt ist und möglichst erhöht liegt. Schaffen Sie Charlie also zusätzlich zu seiner Schlafhöhle einige solche Plätzchen in der Wohnung, vielleicht ein flaches Kissen auf der Fensterbank oder eine Kuscheldecke auf dem Küchenschrank – vorausgesetzt, es gibt für Charlie eine gute Aufstiegsmöglichkeit dorthin.

109. Schlafrhythmus: Verschlafen Katzen in der freien Natur den ganzen Tag, um dann nachts auf Jagd zu gehen?

?

Den Ruf als »Tiere der Nacht« haben sich Katzen wohl erworben, weil sie auch nachts unterwegs sind und man zumindest gut versorgte Familienkatzen tagsüber Siesta halten sieht. Tatsächlich aber sind wild lebende oder Bauernhofkatzen auch am Tag aktiv, die heiße Mittagszeit im Sommer einmal ausgenommen. Bei Feldstudien haben Forscher ermittelt, dass Katzen hierzulande etwa 50 Prozent aller Mäuse am Tag fangen, 25 Prozent in der Morgen- oder Abenddämmerung und nur den Rest in der Nacht. In heißen Klimazonen weichen Katzen hohen Tagestemperaturen allerdings möglichst aus, indem sie in der kühleren Dämmerung und nachts auf die Jagd gehen. Während wir normalerweise einen einphasigen Schlaf- bzw. Aktivitätsrhythmus haben, also in 24 Stunden einmal schlafen und einmal wach sind, verteilt die Katze ihre Schlaf- und Wachzeiten auf meh-

EXTRATIPP

Achtung, Waschmaschine!
Eine Waschmaschine, die offen steht und in deren Trommel Wäsche für den nächsten Waschgang liegt, stellt für Katzen eine besonders attraktive Schlafhöhle dar. Es ist dunkel, es ist kuschelig, und es riecht auch noch nach vertrauten Menschen. Kontrollieren Sie vor jedem Einschalten der Waschmaschine, ob Ihre Katze nicht gerade selig darin schlummert!

SCHLAFSTELLUNGEN UND SCHLAFPLÄTZE

Katzen sind begnadete Schläfer. Wenn sie sich sicher fühlen, können sie zu jeder Tages- und Nachtzeit schlafen, und das an unterschiedlichsten Plätzchen und in den verschiedensten

DER KLASSIKER
Der mit weichen Kissen ausgelegte Weidenkorb ist der Klassiker unter den Katzenbetten. Stellen Sie ihn in eine Ecke der Wohnung, gern auch etwas erhöht. Ein waschbarer Kissenbezug erleichtert das Sauberhalten.

HÄNGEPARTIE
Fast alle Katzen haben ein Faible für Hängematten. Mit viel Geschick klettern sie hinein und machen es sich darin bequem. Auch wie man den schwankenden Ruheplatz möglichst elegant wieder verlässt, haben sie schnell raus.

DAS TRAUMBETT
Weich und warm, dazu noch nach dem vertrauten Menschen riechend – kein Wunder, dass Mieze jede Gelegenheit nutzt, um im Bett zu schlafen. Haben Sie das erst einmal zugelassen, wird Ihre Katze immer darauf bestehen.

Stellungen. Bieten Sie Ihrer Katze am besten mehrere Schlafplätze an – und wundern Sie sich nicht, wenn sie gelegentlich einen ganz anderen Platz für ihr Nickerchen wählt.

BÜCHERWURM
Für eine kleine Siesta kommt Kathi die Lücke im Bücherregal des Arbeitszimmers gerade recht. So kann sie in der Nähe ihres Menschen bleiben und die Wartezeit überbrücken, bis er sich endlich wieder mit ihr beschäftigt.

SOFATIGER
Leicht erhöht, zudem weich und warm und gut geschützt: Für die Katze kann es kaum einen besseren Platz geben als die Sofaecke, besonders wenn der Mensch ihr dabei mit Fernsehen oder Lesen Gesellschaft leistet.

RÜCKENLAGE
Vom Spielen müde geworden, schlafen Kätzchen oft an Ort und Stelle ein, auch wenn der Ruheplatz nicht wirklich bequem scheint. Mit dem Bauch nach oben schlummert eine Katze aber nur dort, wo sie sich völlig sicher fühlt.

rere Portionen. Die Wissenschaftler sprechen dabei von einem mehrphasigen Aktivitätsrhythmus. Natürlich schaltet Mieze nicht wie mit einem Kippschalter zwischen ihren Schlaf- und Aktivitätsperioden hin und her. Sofern sie nicht gestört wird, gleitet sie in langen, genüsslichen Minuten des Dösens sanft ins Reich des Schlafs hinüber und taucht ebenso langsam wieder daraus auf.

110. Schlafstellungen: Warum rollen sich Katzen zum Schlafen oft zusammen, liegen dann aber auch wieder völlig ausgestreckt?

?

Die verschiedenen Positionen, die eine Katze während des Schlafs einnimmt, hängen in erster Linie von den Umgebungstemperaturen, im Freiland natürlich auch von Witterungsbedingungen wie Sonneneinstrahlung, Wind, Regen oder Schnee ab. Wenn sich eine Katze warm und behaglich fühlt, streckt sie sich meist relaxt aus, liegt dabei auf der Seite oder sogar auf dem Rücken. Ist es kühler, nutzt sie die wärmenden Eigenschaften des Fells und hüllt sich bis zur Nasenspitze darin ein, indem sie sich wie unter einer Bettdecke zusammenrollt und ihren Kopf hinter dem Schwanz verbirgt. Auf gleiche Weise versucht auch eine im

INFO

Sonnenbrand beim Sonnenbad
Katzen lieben das Bad in der Sonne. Das bekommt aber nicht allen: Weiße Katzen, speziell kurzhaarige, reagieren empfindlich auf intensive Sonneneinstrahlung und können sich wegen ihrer geringen Pigmentierung beim ausgedehnten Sonnenbad im Sommer einen Sonnenbrand einhandeln. Glücklicherweise suchen die meisten Katzen bei großer Hitze den Schatten auf. Auf einem schattenlosen Balkon sollten Sie eine weiße Katze jedoch nicht über die Mittagsstunden draußen lassen.

Freien schlafende Katze starkem Wind oder Regen möglichst wenig Angriffsfläche zu bieten. Insbesondere beim entspannten Schlafen können Katzen dank ihrer Gelenkigkeit alle möglichen Stellungen einnehmen und sich so an jeden Schlafplatz anpassen. Im Bücherregal, auf den Rippen eines Heizkörpers, in der Hängematte, mit baumelnden Beinen über einer Couchlehne oder im Freien auf einem Ast – Katzen haben die bewundernswerte Fähigkeit, überall und in fast jeder Körperhaltung selig zu schlummern. Wenn Ihre schlafende Katze häufig in voller Länge auf dem Rücken liegt und die Beine in die Luft streckt, ist das auch ein Beweis des Vertrauens Ihnen gegenüber (→ Seite 117). Normalerweise entblößt nämlich eine Katze ihre Bauchregion nicht, weil sie hier sehr verletzlich ist und sich im Ernstfall nicht sofort zur Wehr setzen kann.

Vor allem junge Katzen nutzen oft die erstaunlichsten Orte, um völlig entspannt ein kurzes Nickerchen zu halten.

111. Schnurren: Wie schaffen es Katzen, manchmal stundenlang und ohne Pause zu schnurren? ?

Das wohlige Schnurren ist ein Geräusch, das die Katze im Kehlkopf erzeugt, das aber auch ihren Brust- und Bauchraum vibrieren lässt. Fühlen können Sie die Vibrationen, wenn Sie einer schnurrenden Katze die Hand auf den Körper legen, am stärksten im Bereich der Kehle. Neben den Stimmbändern gibt es im Kehlkopf der Katze die sogenannten, oft auch als »falsche Stimmbänder« bezeichneten Vorhoffalten. Man geht heute davon aus, dass diese Hautfalten verantwortlich dafür sind, dass Katzen schnurren können, und zwar bei Bedarf über Stunden und ohne jede Anstrengung. Die Atemluft streicht beim Ein- und Ausatmen über die Vorhoffalten. Ob der Luftstrom das Schnurren dabei durch rein passives »Flattern« der Hautfalte oder durch leichte, schnelle Kontraktionen der Kehlkopfmuskeln auslöst, ist noch nicht vollständig geklärt. Im Fall des »Flatterns« wäre das Schnurren durchaus mit dem leisen Schnarchen des Menschen vergleichbar.

112. Schnurren – individuelle Unterschiede: Schnurren eigentlich alle Hauskatzen?

?

Schnurren ist ein Laut, den in erster Linie die Katzenkinder hervorbringen. Sie können schon schnurren, bevor sie die Augen öffnen. In seiner ursprünglichen Funktion dürfte es als Rückmeldung an die säugende Mutterkatze dienen, dass mit ihren Kindern alles in Ordnung ist. Die Mutter schnurrt ihrerseits, wenn sie zum Nest zurückkommt, um den Kleinen damit zu vermitteln: »Kein Grund zur Aufregung, ich bin's nur.« Auch die Wurfgeschwister schnurren, wenn sie sich aneinanderkuscheln. Das zeigt den anderen, dass sie nicht allein sind, und hat eine beruhigende Wirkung. Wenn eine junge Katze erwachsene Artgenossen zum Spielen auffordert, schnurrt sie meist auch, wahrscheinlich im Sinne einer Vorab-Beschwichtigung, dass das Kampfspiel wirklich nur als Spiel gedacht ist. Gegenüber dem Menschen setzen die jungen und die erwachsenen Hauskatzen das Schnurren ein, weil sie in der Beziehung zu ihm lebenslang die Rolle des Katzenkindes beibehalten. Die individuellen Unterschiede sind dabei erstaunlich groß. So wie es ausgesprochene Schmusekatzen und eher unterkühlte und distanzierte Miezen gibt, gibt es leise und laute Schnurrer, Dauer-Schnurrer und solche, die nur zu besonderen Anlässen Schnurrlaute produzieren. Erwachsene wild lebende Katzen schnurren im Vergleich dazu selten.

113. Schnurren – Klein- und Großkatzen:
Gibt es beim Schnurren Unterschiede zwischen Hauskatzen und wild lebenden Katzenarten? ?

Das hängt davon ab, ob es sich bei den »Wilden« um Groß- oder um Kleinkatzen handelt. Die Vertreter aller Kleinkatzenarten schnurren wie die Hauskatze, nur seltener (→ Seite 114). Bei Großkatzen wie Löwe, Tiger, Jaguar und Leopard verhält es sich anders. Während ihre kleinen Verwandten ein vollkommen verknöchertes Zungenbein besitzen, ist es bei ihnen teilweise elastisch. Das bewirkt, dass Großkatzen nur beim Ausatmen schnurren können, Kleinkatzen aber beim Aus- und beim Einatmen. Dafür können die Großen brüllen, was keine Kleinkatze vermag.

114. Sonnenbaden: **Katzen genießen offenbar das Bad in der Sonne. Oder täuscht der Eindruck?** ?

An kühleren Tagen zeigen sich Katzen als ausgeprägte Sonnenanbeter, schließlich kamen ihre Ahnen aus den Halbwüsten und Steppen Afrikas. Doch in der Sommerhitze wird es auch den Samtpfoten zu viel, und sie ziehen sich in den Schatten zurück. Der Schutz vor Überhitzung ist wichtig, da der Körper der Katze nur unzureichend schwitzen kann (→ Seite 96) und daher auf anderem Weg gekühlt werden muss.

INFO

Fakten zum Schnurren der Katze
Die Hauskatze schnurrt mit einer Frequenz von 25 bis 27 Hz (Schwingungen pro Sekunde). Der Luftstrom, der beim Atmen durch die Kehle streicht, wird also 25–27-mal in der Sekunde unterbrochen. Die Lautstärke des Schnurrens, direkt vor dem Maul der Katze gemessen, liegt im Durchschnitt bei 85 Dezibel, was einem leisen Gespräch entspricht.

Nur wenige Katzen mögen es, am Bauch gestreichelt zu werden.

115. Streicheln: Warum lieben es Katzen so sehr, wenn sie sanft gestreichelt werden?

?

Eine Hand, die sanft und gleichmäßig über ihr Fell streicht, erinnert die Katze wohl an die Zeit, als sie noch ein Kätzchen war und von der Zunge der Mutter regelmäßig massiert und sauber geleckt wurde. Das war eine Phase vollständiger Geborgenheit, in der die Welt für die junge Katze rundum in Ordnung war. Dasselbe Gefühl stellt sich bei der Schmusestunde mit dem vertrauten Menschen wieder ein. Der sanfte Druck auf die Haarwurzeln beruhigt und sorgt dafür, dass im Katzenhirn das »Wohlfühlhormon« Serotonin ausgeschüttet wird. Auch wir selbst kennen das wohlige und beruhigende Gefühl, wenn uns jemand sanft im Nacken krault. In den Augen der Katze hat der Mensch überhaupt die Rolle der Mutterkatze übernommen, nicht nur bei den Streicheleinheiten: Er kümmert sich um regelmäßige Fütterung, schützt die Katze vor möglichen Gefahren und hilft ihr notfalls aus jeder Klemme – genau wie seinerzeit Mama. Konsequenterweise verhält sich auch die erwachsene Katze dem Menschen gegenüber wie ein Kätzchen. Sie maunzt ihn bettelnd an, ruft in ängstigenden und misslichen Situationen kläglich nach ihm, begrüßt ihn mit hoch erhobenem Schwanz und vieles mehr. Ebenso wie das Katzenkind den Körperkontakt mit seiner Mutter braucht, sucht die erwachsene Katze Nähe und zärtliche Berührung bei ihrem Menschen. Manche Stubentiger sind geradezu süchtig nach ständiger Berührung und fordern Kontakt und Streicheleinheiten bisweilen recht aufdringlich ein, was bei aller Liebe zur Katze manchmal etwas nerven kann.

116. Streicheln am Bauch: Mein Willi ist eine Seele von Kater. Nur wenn ich ihn am Bauch berühre, reagiert er böse und schlägt mit Pfoten und Krallen nach mir. Was stört ihn? ?

Die Bauchpartie ist die sensibelste Körperregion der Katze. Hier gibt sie sich nur sehr ungern eine Blöße. Es ist daher ein großer Vertrauensbeweis für den Menschen, wenn sich sein Stubentiger beim Schlafen auf den Rücken legt und die ganze Unterseite präsentiert (→ Seite 113). Das bedeutet aber noch lange nicht, dass sich die Katze am Bauch anfassen lässt. Da die Rückenlage gleichzeitig auch eine katzentypische Verteidigungsposition im Kampf mit Artgenossen oder anderen Tieren ist, setzen sich viele Katzen bei einer Berührung fast automatisch mit Pfotenhieben zur Wehr. Bei manchen hat man den Eindruck, dass ihnen diese Reflexreaktion sogar etwas peinlich ist.

117. Träumen: Mein Kater zuckt im Schlaf von Zeit zu Zeit mit den Pfoten. Kann es sein, dass er dann gerade träumt? ?

Zuckende Pfoten sind eigentlich immer ein Zeichen dafür, dass sich die Katze (bei Hunden ist es nicht anders) in einer Traumphase befindet. Genau wie der Mensch durchläuft die Katze im Tiefschlaf (→ Seite 108) Phasen, in denen ihr Gehirn aktiv ist und sie die verschiedensten Dinge »erlebt«, also träumt. Das lässt sich durch Messung der Gehirnströme mittels EEG (Elektroenzephalogramm) eindeutig feststellen. Sehen Sie bei Ihrem Kater einmal genau hin. Dann bemerken Sie, dass sich seine Augen im Traum unter den nicht ganz geschlossenen Lidern zuckend hin und her bewegen. Die Wissenschaftler sprechen daher auch von der REM-Phase (engl. Rapid Eye Movement für schnelle Augenbewegungen) als Erkennungszeichen dafür, dass ein Schläfer gerade träumt. Bei Katzen können dazu Beine oder Schwanz, Schnurrhaare oder Ohren zucken, und manchmal knurrt, jammert oder schreit Mieze sogar im Schlaf.

118. Treteln: Wenn ich auf dem Sofa liege und meine Katze zum Kuscheln auf den Schoß kommt, bearbeitet sie mich recht schmerzhaft mit Pfoten und Krallen. Wieso tut sie das? ?

Um den Ursprung des Tretelns zu verstehen, muss man in die Kindheit der Katze zurückschauen. Wenn die Kätzchen an Mamas Zitzen trinken wollen, massieren sie die Milchleiste mit rhythmischen Tritten der Vorderpfötchen. Das regt den Milchfluss an. Genau dieselbe Bewegung zeigen erwachsene Katzen, die sich auf den Schoß des Menschen kuscheln. Hier kommt also das Kätzchen in der Katze wieder durch. Das zeigt sich auch in anderer Hinsicht: Beim Massieren von Mamas Milchbar läuft den Kätzchen vor lauter Vorfreude das Wasser im Mund zusammen, ein unwillkürlicher Reflex, den auch wir kennen. Nicht anders bei auf dem Schoß tretelnden erwachsenen Katzen. Fast alle fangen bei ihren Knetbewegungen kräftig zu sabbern an. Mit ihrem Kleinkindverhalten demonstriert die Katze, dass sie sich wohlfühlt. Deshalb sollten Sie sie auch nicht enttäuschen und sie wegschieben oder gar mit ihr schimpfen. Sie würde das nicht verstehen, weil eine Katzenmutter so etwas nie tut. Beißen Sie die Zähne zusammen, wenn die Krallen einmal zu sehr piksen. Oder legen Sie sich vorsorglich eine Decke auf den Schoß.

119. Umzug: Warum geraten fast alle Katzen völlig aus dem Häuschen, wenn sie in eine neue Wohnung umziehen müssen?

?

Katzen gehen eine enge Beziehung zu ihren Menschen ein. Diese Bindung ist aber immer auch verknüpft mit der vertrauten Umgebung, also dem Revier 1. Ordnung in der Wohnung oder einem Haus. Ein Umzug

1

»Heiliger Strohsack! Was ist nur mit meinem Revier geschehen?« Ein Umzug bringt fast jede Katze total aus der Fassung.

2

»Wenigstens mein geliebtes Bett ist da!« Die vertrauten Gegenstände sorgen für etwas Sicherheit im Umzugs-Chaos.

bringt diese feste Zuordnung zum Einsturz, die Katze findet sich nicht mehr zurecht. Ist das Vertrauen zum Halter stark genug, wird sich die Katze nach und nach an die fremde Umgebung gewöhnen. Hat die Partnerschaft hingegen Risse, kann es durchaus passieren, dass die Bindung an die verlorene Heimat stärker ist und die Katze wegläuft. Der Stress der Umsiedlung ist groß. Mit Wohlfühldüften können Sie Ihrer Katze den Umzug erleichtern und die neue Wohnung vertrauter machen. Diese künstlichen katzentypischen Körperduftstoffe (Pheromone) gibt es als Pumpspray oder Zerstäuber für die Steckdose. Die menschliche Nase nimmt die Düfte nicht wahr, auf die meisten Katzen aber wirken sie beruhigend und entspannend, da für sie das Zimmer oder die neue Wohnung dann nach ihrem vertrauten Wohnrevier riecht.

120. Wälzen: Was bedeutet es, wenn sich unser Kater Kasimir mit sichtlichem Genuss am Boden wälzt? ?

Ihr Kasimir verschafft sich beim Wälzen eine Ganzkörperpflege der besonders angenehmen Art. Wälzen bedeutet Massage und Fellpflege in einem. Katzen wählen dafür vorzugsweise Stellen mit einem festen und trockenen Untergrund, der rau oder grobsandig, möglichst auch richtig staubig ist. Und am besten gut angewärmt von der Sonne! Die raue Bodenbeschaffenheit massiert die Haut, der feine Staub dringt ins Fell ein und wirkt dort wie ein Trockenshampoo. Danach steht die Katze auf, schüttelt sich ein paar Mal und hat ein frisch gereinigtes Fell, das jetzt weniger Haarfett und meist auch weniger Flöhe und andere unerwünschte Haut- und Fellbewohner enthält. Mit der Fellpflege hängt es hingegen gar nicht zusammen, wenn sich eine Kätzin unter ständigem Rufen, Maunzen und Gurren hektisch auf der Erde hin und her wälzt. Der Fall ist absolut klar: Diese Katzendame ist rollig (→ Seite 180).

DAS KATZEN-WOHLFÜHLBAROMETER

SITUATION / VERHALTEN	ERKLÄRUNG
Die Katze springt aus eigenem Antrieb auf den Schoß des Menschen.	Sie vertraut ihrem Halter vollständig, sucht seine Nähe und liebt den Körperkontakt mit ihm.
Sie lässt sich gern und oft streicheln.	Sie genießt die Zuwendung und zeigt durch Schnurren ihr Wohlbefinden an.
Sie wählt in der Wohnung offene Ruheplätze.	Die Wohnung ist ihr Eigenbereich, in dem sie sich angstfrei und offen bewegt und sich auch beim Ruhen nicht versteckt.
Sie liegt beim Schlafen oft ausgestreckt auf dem Rücken.	Die entblößte Bauchpartie ist das eindeutige Signal, dass sich eine Katze sicher und geborgen fühlt.
Sie eilt zur Begrüßung herbei, wenn ihre Familie nach Hause kommt.	Während sie andere Personen erst sehr genau und meist aus größerer Distanz beobachtet, nimmt sie mit ihrer Familie sofort freudig Kontakt auf.
Sie spielt gerne mit dem Menschen, bleibt dabei aber immer friedlich.	Im Spiel zeigen sich Selbstbewusstsein und Ausgeglichenheit einer Katze. Ein unsicheres Tier neigt nicht selten zu aggressiven Abwehrreaktionen.
Anderen Katzen in der Wohnung begegnet sie entspannt und höflich.	Sie muss ihren Mitkatzen nicht beweisen, dass sie hier Rechte als Revierbesitzerin hat.
Ihr Futter frisst sie mit Appetit, aber ohne Hast.	Sie hat keine Angst, dass ihr das Futter streitig gemacht oder weggenommen wird. Fast immer lässt sie einige Futterhäppchen im Napf zurück, um sie dann erst später zu verzehren.
An ihren Lieblingsplätzen räkelt sie sich genüsslich in der Sonne.	Im eigenen Revier fürchtet die Katze niemanden und verhält sich entsprechend ungezwungen.

Sozial-verhalten

Die Katze ist nicht die Einzelgängerin, für die viele sie halten. In der Kommunikation mit ihren Artgenossen und mit dem Menschen offenbart sie ein außerordentlich hoch entwickeltes und erstaunlich facettenreiches Sozialverhalten.

121. Ablecken des Menschen: Warum leckt mir meine Cosima oft über Gesicht oder Hände?

Wenn sich erwachsene Katzen gegenseitig das Fell lecken, ist das der ultimative Beweis ihrer Zuneigung. Meist reinigt die Zunge Kopf und Nacken der anderen Katze, wo diese selber kaum hinkommt. Diese Putzaktion stärkt auch die Beziehung, indem sie für den gemeinsamen »Familiengeruch« sorgt. Wenn Ihre Cosima auch Sie mit Putzeinheiten bedenkt, so ist das als ein großer Freundschaftsbeweis zu sehen, den Sie ihr gestatten sollten.

122. Bauch präsentieren: Was bedeutet es, wenn sich meine Minka auf den Rücken rollt und mich auffordernd anschaut?

Das Präsentieren der Bauchseite ist unter Katzen eine freundliche, aber passive Art der Begrüßung, die nur gegenüber befreundeten Artgenossen oder vertrauten Menschen angewendet wird. Wenn eine Katze ihren verletzlichen Bauch darbietet, macht sie sich gewissermaßen schutzlos und verwundbar. Ihre Minka sagt Ihnen auf diese Weise, dass sie Ihnen vollständig vertraut. Sie sollten diese Geste der Katze allerdings nicht unbedingt als Aufforderung betrachten, ihr den Bauch zu kraulen. Nur wenige Katzen lassen Berührungen am Bauch zu, die meisten wehren die streichelnde Hand mit einem Schlag der Pfote und manchmal sogar einem leichten Biss ab.

123. Begrüßung – am Bein des Menschen aufrichten: Warum stellt sich meine Katze oft auf die Hinterbeine, wenn sie sich an meinem Bein reibt?

Um dieses Verhalten zu verstehen, muss man sich eine typische freundschaftliche Begrüßung unter Katzen ansehen: Beide Katzen beschnuppern sich Nase an Nase, reiben die Köpfe aneinander und übertragen so ihren Individualgeruch. Will Ihre Mieze Sie begrüßen, steht sie vor dem Problem, dass Sie viel zu groß für diesen Kopf-zu-Kopf-Kontakt sind. Die Begrüßungsbewegung in Richtung Kopf ist der Katze angeboren. Also stellt sie sich auf die Hinterbeine und versucht das Begrüßungsritual zumindest andeutungsweise auszuführen. Dieselben Bemühungen kann man bei Kätzchen beobachten, die ihre heimkehrende Mutter begrüßen – wenn Mama den Kopf nicht rasch genug nach unten nimmt.

124. Begrüßung des Menschen: Warum stellt unsere Molly jedes Mal, wenn sie von draußen kommt und mich sieht, ihren Schwanz hoch? ?

Das ist die typische Geste, mit der Katzenkinder ihre zum Nest zurückkehrende Mutter begrüßen. Mit steil aufgerichtetem Schwänzchen laufen die Kleinen der Mama entgegen, ganz in Vorfreude auf Nahrung und Kuschelstunde. Da Hauskatzen dem Menschen gegenüber zeitlebens Kind bleiben, zeigen sie die kindliche Begrüßungsgeste auch, wenn der Mensch, also gewissermaßen ihre »Übermutter«, nach Hause kommt.

EXTRATIPP

Wenn die Katze sich plötzlich anders verhält

Eine auffällige und zunächst unerklärliche Verhaltensänderung der Katze ist ein Alarmsignal, das Sie immer ernst nehmen sollten. Zum Beispiel, wenn Ihre sonst verspielte und anhängliche Katze von heute auf morgen keine Lust mehr zum Spielen oder Schmusen hat oder wenn sie sich plötzlich dagegen wehrt, auf den Arm genommen zu werden. Hält die Verhaltensänderung mehr als 24 Stunden an, muss der Tierarzt klären, ob eine Erkrankung oder eine innere Verletzung vorliegt.

125. **Begrüßung unter Katzen: Wie läuft eine Begrüßung unter befreundeten Katzen ab?**

Katzen, die sich kennen und sympathisch finden, schlendern gewöhnlich wie beiläufig aufeinander zu und beschnuppern sich kurz Nase an Nase: »Bist du's wirklich?« Fällt die Schnupperprobe positiv aus, folgt oft eine Bewegung, die als Köpfchengeben bezeichnet wird und unserem Händeschütteln vergleichbar ist. Beide Katzen reiben dabei kurz den Oberkopf gegeneinander, manchmal auch die Wangenpartie. Dabei überträgt jede den eigenen Körperduft auf ihr Gegenüber. So etwas verbindet: Es nimmt die Fremdheit und macht beide vollends vertraut. Bei sehr eng befreundeten Katzen schließt sich an das Begrüßungsritual oft ein kurzes, gegenseitiges Ohrenputzen an.

126. **Begrüßungsverhalten: Warum umkreisen sich unsere beiden Katzen manchmal ganz merkwürdig, nachdem sie sich begrüßt haben?**

Wenn wir Bekannte treffen, fragen wir nach dem Händeschütteln meist »Wie geht es dir?« und »Was machst Du so?«. Bei Katzen läuft dieser Informationsaustausch über die Geruchskontrolle. Nach dem Nasenkontakt beschnuppern sie gegenseitig Nacken, Flanken und Analgegend. Wenn sie sich nicht gut kennen, dreht jede das eigene Hinterteil weg, versucht aber gleichzeitig mit der Nase die Kehrseite der anderen zu untersuchen. Also umkreist man sich so lange, bis eine stillhält oder faucht und wegläuft.

127. **Beobachtungsvermögen: Oft scheint es, als wüssten Katzen schon vorher, was wir gerade machen wollen. Können sie Gedanken lesen?**

Das natürlich nicht, aber Katzen sind ausgezeichnete Beobachter, denen kein Körpersignal ihrer Artgenossen entgeht. Und diese Fähigkeit wenden sie bei uns an und erkennen an kleinsten Regungen unsere Absicht – was bisweilen tatsächlich wie Hellseherei wirkt. Ein Beispiel: Sie sitzen am Schreibtisch, Ihr Kater döst seit Stunden auf dem Sessel. Ein Blick auf die Uhr sagt Ihnen, dass es Zeit zum Füttern der Katze ist. Doch noch bevor Sie aufstehen, springt der Kater vom Sessel und trabt in die Küche, wo er Sie maunzend erwartet. Was nach übersinnlicher Fähigkeit aussieht, lässt sich ganz einfach erklären. Seine »innere Uhr« (→ Info, Seite 26) hat Ihrem Kater längst gesagt, dass es Zeit fürs Abendessen ist. Vorsichtshalber hat er Sie daher schon eine ganze Weile nicht aus den Augen gelassen. Den Blick zur Uhr hat er ebenso registriert wie Ihr unbewusstes Straffen des Rückens vor dem Aufstehen. Für Ihren Kater war die Sache schnell klar: »Na endlich, jetzt gibt's Futter!«

128. Bettelnd um die Beine streichen: **Warum läuft mir Isabell vorm Füttern in Schlangenlinien um die Beine, bis ich fast stolpere?** ?

Da ist Ihre Isabell kein Einzelfall. Beinahe jede Katze kurvt dem Menschen miauend und drängelnd um die Beine, sobald der mit dem Futter hantiert. In Isabells Augen sind Sie die Katzenmutter, die Beute herbeibringt, und sie ist das Katzenkind. Hungrige Kätzchen laufen ihrer von der Jagd heimkehrenden Mutter entgegen, drängen sich an sie, kreuzen ständig ihren Weg und betteln sie um Futter an. Häufig hat die

Betteln nach Katzenart: Mieze macht auf sich aufmerksam, indem sie ihrem Menschen eng um die Beine streicht.

Katzenmutter ihre liebe Not, die Beute bis zum Nest oder einem geschützten Fressplatz zu tragen. Abgewöhnen können Sie Ihrer Isabell dieses Betteln nicht, es ist ein angeborenes Verhalten. Bewegen Sie sich beim Füttern langsam und schlurfend, um nicht versehentlich auf Ihre drängelnde Katze zu treten.

129. Blinzeln: Täuscht der Eindruck oder zwinkert unser Kater unserer Kätzin manchmal zu?

Betontes Blinzeln ist unter Katzen ein dezentes, aber oft gebrauchtes und wirksames Mittel, um aggressives Verhalten bei Artgenossen zu dämpfen oder gar nicht aufkommen zu lassen. Durch Blinzeln oder flüchtiges Schließen der Augen wird der Blickkontakt kurzzeitig unterbrochen. Das hat die gegenteilige Wirkung wie Anstarren (→ Drohstarren, Seite 130): Es beschwichtigt und drückt die eigene Harmlosigkeit aus. Übersetzt heißt das etwa: »Ich will dir nichts Böses. Und ich hoffe, du tust mir auch nichts.«
Bei wildfarben getigerten Katzen wird das Blinzeln noch durch ein optisches Signal verstärkt. Anhand von Zeitlupenaufnahmen haben Wissenschaftler herausgefunden, dass ein hell-dunkler Unterlidstreifen besonders auffällig zu erkennen ist, wenn diese Katzen

INFO

Missverständnisse zwischen Katze und Hund
Hunde und Katzen sprechen verschiedene Sprachen. Während bei Hunden zum Beispiel der wedelnde Schwanz eine freudige Stimmung ausdrückt, bedeutet er bei Katzen Unschlüssigkeit. Und während ein Hund den Freund mit erhobener Pfote zum Spiel auffordert, droht die Katze mit derselben Geste ihrem Gegenüber an, dass sie gleich die Krallen einsetzen wird. Doch wenn Mieze und Bello zusammenleben, lernen sie recht schnell zu verstehen, was der andere gerade sagen will.

blinzeln. Das unterstreicht die freundliche Geste, ähnlich wie beim Menschen, der Ja sagt und gleichzeitig mit dem Kopf zustimmend nickt. Beim abweisenden Fauchen hingegen werden die Unterlidstreifen durch Hochziehen der Wangen schmal oder verschwinden ganz. Katzen blinzeln oft auch den Menschen an, um von ihm Futter oder Zuwendung zu erhalten. Hier ist das Augenzwinkern also eher als Bitte gemeint.

130. Drohen: Wie versuchen Katzen ihre Gegner einzuschüchtern? ?

Ob Mieze von unverschämten Artgenossen attackiert oder von einem Hund in die Enge getrieben wird – selten greift sie ohne Vorwarnung an. Die Warnung gibt dem Gegner die Möglichkeit, sich eines Besseren zu besinnen und von seinem Tun abzulassen.

➤ Wenn die Katze erschrick, sich bedroht fühlt oder verärgert ist, faucht sie. Den Furcht einflößenden Laut versteht jeder, die eigenen Artgenossen, andere Tiere und auch der Mensch: »Stopp! Bis hierhin und nicht weiter, sonst mache ich Ernst.«

➤ Eine Stufe heftiger fällt das Spucken aus, ein kurzes und explosives Fauchen, das mit einem scharfen »K«-Laut beginnt. Bei dem harten »Kchchch« fährt jedem Gegner ein ordentlicher Schreck in die Glieder.

➤ Hat die Katze eine Beute oder einen Futterbrocken im Maul, den ihr ein Artgenosse streitig machen will, knurrt sie aus tiefster Kehle, fast wie ein Hund. Das Maul bleibt dabei geschlossen. Knurren signalisiert anderen Katzen, bei Bedarf auch dem Menschen, dass Mieze ihren Schatz keinesfalls kampflos abgibt.

➤ Geraten Kater im Revier ernsthaft aneinander, hört man das schon von Weitem. Sie stehen sich drohend gegenüber und liefern sich jaulend und kreischend lautstarke Stimmduelle. Die Botschaft ist eindeutig: »Hau ab, oder du wirst es bereuen!«

➤ Auch zu optischen Tricks können Katzen greifen. Angesichts eines Gegners machen sie sich dann so groß wie möglich, nach dem Motto: Gut geblufft ist halb gewonnen. Damit der Bluff wirkt, vergrößert die Katze ihre Silhouette, indem sie einen Katzenbuckel (→ Seite 139) macht und das Fell sträubt. Dabei richten sich speziell die Rückenhaare auf, der Schwanz verwandelt sich zu einer dicken Flaschenbürste.

131. Drohstarren: Was versteht man unter dem Begriff Drohstarren?

?

Beim Blinzeln (→ Seite 128) wird der Blickkontakt kurzzeitig unterbrochen. Das stellt bei Katzen eine freundliche Geste dar. Genau das Gegenteil drückt unverwandtes Anstarren des Gegenübers aus: Es soll einschüchtern und die eigene Position stärken. Vor allem Kater tragen oft regelrechte Fixier-Duelle aus. Sie stehen oder sitzen sich gegenüber und starren sich minutenlang unentwegt an. Die Spielregeln sind einfach: Wer zuerst wegschaut, hat verloren. So kann eine Rangordnung kampflos bestätigt, manchmal auch die Rangposition neu festgelegt werden. Auch Kätzinnen und kastrierte Katzen beherrschen diese Art der Auseinandersetzung. Selbstbewusste Tiere senden ihre Blicke wie Pfeile in Richtung des Artgenossen, Katzen mit geringerem Selbstbewusstsein lassen sich durch das Anstarren einschüchtern und räumen das Feld. Häufen sich die Droh-Aktionen, setzt das rangniedere Katzen erheblich unter Stress (→ Mobbing, Seite 240).

132. Duftsignale: Katzen schnuppern überall und ständig. Aber können sie mit ihrer vergleichsweise kleinen Nase überhaupt viel riechen?

?

So kurz das Katzennäschen auch ist, in ihm verbergen sich immerhin rund zehnmal mehr geruchsempfindliche Zellen wie in unserer Nase. Damit vermögen Katzen feinste Geruchsnuancen wahrzunehmen und zu unterscheiden. Zwar spielt der Geruchssinn bei der

Jagd nur eine recht geringe Rolle, dafür eine umso größere bei der Beurteilung der Nahrung. Futter, das der Katzennase nicht zusagt, bleibt unangetastet. Seine wichtigste Aufgabe aber hat der Geruchssinn für das Sozialverhalten, sowohl beim Zusammenleben in der Gruppe wie bei der Wahl des Sexualpartners und auch bei der Reviermarkierung (→ Seite 132).
Wenn die Katze einen Duftstoff ganz genau prüfen will, analysiert sie ihn mit einem besonderen Organ, das in ihrem Gaumendach liegt und nach seinem Entdecker Jacobsonsches Organ genannt wird. Dazu zieht sie die Luft mit leicht geöffnetem Maul und zurückgezogenen Mundwinkeln ein. Diese Reaktion mit dem charakteristischen Gesichtsausdruck bezeichnet man als Flehmen.

RANGORDNUNG UNTER KATZEN

Welche Katze ist die »Chefin« im Haus? Auch wenn es ohne Zoff abgeht, dominiert meist eine über die andere. Eine solche Rollenverteilung ist normal. Eingreifen muss man nur, wenn die unterlegene Katze ständig unter Stress steht.

➤ An den Futternäpfen entscheidet allein die dominante Katze, aus welchem sie frisst. Die anderen Katzen des Hauses müssen mit den übrigen Schüsseln vorliebnehmen.

➤ Die ranghöhere Katze steuert auf den Liegeplatz im Sessel zu, auch wenn er schon von einer Artgenossin besetzt ist. Die andere erhebt sich sofort und verlässt den Sessel.

➤ Zwei Katzen sitzen im Raum und starren sich längere Zeit unverwandt an. Schließlich wendet sich eine der beiden ab und geht langsam weg. Mit diesem Verhalten erkennt sie die Vorrangstellung der anderen Katze an.

➤ Sie sitzen auf dem Sofa und streicheln eine Ihrer Katzen. Die dominante Katze kommt ins Zimmer, springt aufs Sofa und drängt sich sofort an Sie heran. Innerhalb kurzer Zeit besetzt sie selbst den Platz auf Ihrem Schoß und schiebt dabei die rangniedrigere Katze zur Seite. Die dominante Katze hat die »Schmuseposition« kampflos erobert.

133. Duftsignale – Botschaften: Was sagen die Duftmarken einer Katze ihren Artgenossen?

?

Wenn eine Katze die Stelle beriecht, an der eine andere ihre Wange oder Flanke gerieben hat, weiß sie, wer diese Markierung abgesetzt hat. Für Mieze riecht also der Duftplatz nicht einfach nur nach Katze, sondern nach einer bestimmten Katze. Noch aufschlussreicher sind für sie die Harnmarkierungen der Artgenossen. An solchen Duftflecken liest die Katzennase wie in einem offenen Buch. Sie erfährt, wer die Markierung hinterlassen hat, wie lange es her ist, ob der Urheber in guter oder schlechter körperlicher Verfassung ist und sogar, ob er beim Markieren friedlich oder eher aggressiv gestimmt war.

134. Einzelgängerinnen: Es heißt, Katzen sind typische Einzelgängerinnen. Soll man dann überhaupt mehrere Katzen halten?

?

Katzen jagen stets allein, verhalten sich aber sonst weit weniger einzelgängerisch, als früher angenommen wurde. Ihr Gesellschaftssystem ist ungleich variabler als das vieler sogenannter sozialer Tiere. Auch von den wilden Katzenverwandten weiß man heute, dass sie zwar den größten Teil ihres Lebens allein verbringen, dennoch zu Freundschaften und Verbrüderungen fähig sind. Untersuchungen an verwilderten Katzengruppen in Großstädten und Dörfern in aller Herren Länder förderten unterschiedlichste Lebensweisen zutage. Man fand Geschwistergruppen, Harems und echte Rudel ebenso wie strenge Einzelgänger. Bei unseren rundum versorgten Hauskatzen ist die soziale Komponente noch stärker ausgeprägt. Katzenkenner und Katzenforscher bezeichnen die Katze daher auch als »gesellige Einzelgängerin«. Es spricht also viel dafür, Hauskatzen zu zweit zu halten – vorausgesetzt, die beiden vertragen sich. Vor allem bei reinen Wohnungskatzen ist eine Mitkatze die einzige Chance auf einen Freund oder Reviernachbarn, wie er für Freilaufkatzen ganz selbstverständlich zum Leben gehört. Der Mensch als einzige Gesellschaft kann den Artgenossen nicht ersetzen, schon gar nicht, wenn er berufstätig ist und die Katze viele Stunden täglich allein bleibt. Für zwei Katzen gestaltet sich die Zeit ohne ihren Menschen viel kurzweiliger. Ob sie miteinander spielen oder kuscheln, sich gegenseitig das Fell pflegen oder auch einmal heftig balgen – zu zweit wird es nie langweilig. Und keine Sorge, dass Sie als Bezugsperson dann ausgedient haben. Der vertraute Mensch bleibt auch bei zwei Katzen immer die Nummer eins. Schwieriger wird die Situation mit drei Katzen. Hier ist die Gefahr groß, dass zwei Front machen gegen eine und diese unter enormen Stress gerät. Das passiert oft selbst bei Wurfgeschwistern. Mehr als drei Katzen sollte man nur in einem großen Haus oder mit Freilauf halten. In einer kleinen Stadtwohnung würde das enge Zusammenleben zu Dauerstress bei den Tieren führen.

Zeichen von Freundschaft und Verbundenheit: Die Katze leckt ihrer Freundin das Fell hinter den Ohren und im Nacken.

135. Erkennen auf Distanz: **Wieso erkennt mich meine Katze auf größere Entfernungen erst dann, wenn ich mich bewege?**

Katzenaugen kommen mit wenig Licht aus. Das ist wichtig für eine Jägerin, die in der Dämmerung und nachts auf Jagd geht. Allerdings geht diese Fähigkeit der Augen zulasten der Sehschärfe. Hierin ist der

Mensch der Katze überlegen. Die Katze sieht am besten Objekte scharf, die zwei bis fünf Meter entfernt sind – also genau die Distanz, in der sie meist ihrer Beute auflauert. Katzenaugen reagieren auf kleinste Bewegungen, selbst auf solche am Rand des Gesichtsfelds. Bewegungslose Objekte hingegen werden oft übersehen, weil die Augen auf sie nicht scharf stellen können. Nicht selten kommen Mäuse, die sich mucksmäuschenstill verhalten, mit dem Leben davon.

136. Fellpflege nach Streicheln: Unsere Minou lässt sich von Besuchern streicheln, putzt sich danach aber ausgiebig. Warum macht sie das? ?

Viele Katzen putzen sich, nachdem fremde Menschen sie angefasst haben, manche nach kurzer »Anstandspause«, andere sofort und sehr hektisch. Das kann peinlich wirken, fast so, als würden wir uns nach dem Händeschütteln die Hände waschen oder abwischen. Tatsächlich verhalten sich Katzen wohl ähnlich. Ihre Minou hat die Vertraulichkeiten der Fremden höflich geduldet, aber nicht unbedingt genossen. Durch das Putzen bringt sie ihr derangiertes Fell wieder in Ordnung, vor allem aber wird sie so den fremden Geruch wieder los. Beim Schmusen mit ihrem Halter hinge-

EXTRATIPP

Bitte nicht anstarren!
Katzen empfinden es als beängstigend, wenn Sie unverwandt angeschaut werden. Anstarren ist für sie eine klare Drohgeste. Sobald sich also Ihr Blick mit dem Ihrer Katze trifft, sollten Sie wegschauen, damit es zu keinen Irritationen kommt. In einer angespannten Situation können Sie Ihren Liebling beruhigen, indem Sie ihn kurz anblinzeln oder für einen Moment die Augen schließen. In der Katzensprache gilt das als freundliche Geste, ähnlich einem verbindlichen Lächeln beim Menschen.

gen werden vertraute Gerüche ausgetauscht und ein gemeinsamer »Stallgeruch« hergestellt. Das verstärkt das Gemeinschaftsgefühl und gibt Sicherheit. Sollte Minou einmal auf Ihr Streicheln mit Putzen reagieren, haben Sie wahrscheinlich einen fremden Geruch an sich und vielleicht eine neue Handcreme benutzt oder einen Hund gestreichelt.

137. Freundschaft mit anderen Heimtieren: Können Katzen mit Meerschweinchen, Kaninchen und Co. Freundschaft schließen?

Es kommt nicht selten vor, dass sich zwischen Katzen und Meerschweinchen oder Kaninchen eine gewisse Freundschaft entwickelt. Große Summen würde ich auf solche Beziehungen aber nicht wetten. Erwachsene Meerschweinchen und Zwergkaninchen passen von ihrer Größe nicht wirklich ins Beuteschema der Katze, eine Garantie fürs friedliche Miteinander gibt es aber nicht. Behalten Sie auf jeden Fall Mieze und Hoppel im Auge, wenn sie gemeinsam im Zimmer sind. Noch kleinere Heimtiere wie Wellensittich, Goldhamster oder gar Maus passen hingegen genau ins Beuteschema der Katze. Solange die Katze im Raum ist, müssen die Kleinen im Käfig bleiben. Katzen sind Raubtiere, deren Jagdtrieb durch alles ausgelöst wird, was klein ist und sich bewegt.

138. Gähnen: Warum gähnt mein Kater manchmal mitten im Spiel, obwohl er wenige Augenblicke vorher überhaupt nicht müde wirkte?

Katzen gähnen, wenn sie schläfrig sind – genau wie wir auch. Doch bei ihnen hat Gähnen zusätzlich eine Signalfunktion für die Artgenossen und sagt ihnen, dass man friedlich gestimmt ist und nichts Böses im Schilde führt. Herzhaftes Gähnen wird als Beschwichtigungsgeste gegenüber heißblütigen oder aggressiven

Artgenossen eingesetzt, manchmal auch dem schimpfenden Menschen gegenüber. Es kann durchaus sein, dass Sie bei den gemeinsamen Spielen etwas zu laut sprechen oder Ihren Kater immer wieder direkt anschauen (→ Drohstarren, Seite 130), sodass er sich nicht wohl in seiner Haut fühlt und Sie vorsichtshalber zu beschwichtigen versucht.

139. Geselligkeit: Wie kommt es, dass manche Katzen sich in Gesellschaft ihrer Artgenossen wohlfühlen, andere hingegen solche Kontakte möglichst meiden?

Ob eine Katze mit anderen Katzen klarkommt oder nicht, hängt in erster Linie davon ab, wie gut oder schlecht sie sozialisiert ist. Das ist ein Ausdruck aus der Verhaltensforschung und besagt, wie gut das Tier das arteigene Ausdrucksverhalten und den Umgang mit Artgenossen oder anderen Lebewesen erlernt hat und ob es fähig ist, sich ans Leben in einer Gemeinschaft anzupassen. Die wichtigen Grundlagen der Sozialisation bilden sich bereits in den ersten Lebenswochen aus, in denen die junge Katze lebenswichtige Erfahrungen mit ihrem sozialen Umfeld macht (→ Seite 207). Jetzt entwickelt sich bereits ihre Bindungsfähigkeit gegenüber den Artgenossen, und sie knüpft erste Kontakte zu den Menschen.

EXTRATIPP

Die Vorgeschichte prägt das Verhalten
Wenn Sie eine erwachsene Katze aus dem Tierheim aufnehmen wollen, erkundigen Sie sich unbedingt danach, ob sie bisher solo oder zusammen mit einer oder mehreren Katzen gelebt hat. Katzen, die den Umgang mit Artgenossen gewöhnt sind, fügen sich gut in einen Katzenhaushalt ein, Einzelkatzen hingegen fühlen sich weiterhin eher als Singles wohl.

140. Hunde und Katzen: Warum vertragen sich manche Katzen mit Hunden, während andere panische Angst vor ihnen haben?

Das hängt ganz von den Erfahrungen ab, die Mieze mit Hunden gemacht hat, vor allem während ihrer Sozialisation (→ Seite 207 u. 212). Ist sie in einem Haushalt mit Hund aufgewachsen und hat gute Erfahrungen mit Bello gemacht, entwickelt die Katze auch später keine Aversion. Da sie die Körpersprache und Lautäußerungen des Hundes kennt, kommt es nicht zu Missverständnissen. Auf einen neuen Hund reagiert sie vorsichtig, aber grundsätzlich ebenso positiv wie auf neue Artgenossen oder Menschen. Natürlich hängt es vom Verhalten des Hundes ab, ob aus dem ersten Beschnuppern eine Freundschaft wird. Katzen, die sich generell vor Hunden fürchten, haben fast immer böse Erfahrungen mit ihnen gemacht. Sie werden durch alles, was nach Hund riecht, in Angst und Schrecken versetzt. Die Panik sitzt so tief, dass eine friedliche Koexistenz kaum mehr möglich ist.

141. Kämpfe vermeiden: Wie können Katzen »Handgreiflichkeiten« untereinander und damit auch Verletzungen vermeiden?

Wenn sich zwei Katzen ernsthaft in die Wolle geraten, fließt häufig auch Blut. Meist nicht wirklich viel, aber in freier Wildbahn können auch kleine Verletzungen lebensbedrohlich sein. Das körperliche Handicap schränkt nicht selten die Bewegungsfähigkeit so sehr ein, dass die Jagdtauglichkeit der Katze empfindlich eingeschränkt wird. Daher haben Katzen Strategien entwickelt, um Kämpfe zu vermeiden und das Verletzungsrisiko zu verringern. Ganz davon abgesehen, dass Auseinandersetzungen kräftezehrend sind und man in der Natur gut daran tut, mit seinen Kräften Haus zu halten. Aber auch unsere Hauskatzen beherzigen nach wie vor die übernommenen Regeln ihrer wilden Vorväter. Raufereien mit ernsten Verletzungen kommen daher relativ selten vor; wenn überhaupt, dann zwischen den um eine rollige Kätzin konkurrierenden Freiern.

➤ Mit Absprachen zur Reviernutzung und den Wegerechten (→ Seite 26) stellen benachbarte Katzen sicher, dass sie sich nicht ständig über den Weg laufen.

➤ Bei direkter Konfrontation versucht die Katze, den Gegner zu beeindrucken, indem sie sich mit Katzenbuckel (→ Seite 139) und gesträubtem Fell größer macht. Lässt sich der Angreifer dadurch bluffen, wird er womöglich von einer Attacke absehen.

➤ Kommt es zum Kampf und einer der Duellanten erkennt seine Unterlegenheit, stellt er seine Attacken ein und verharrt in Abwehrhaltung. Es gehört zum Fair Play unter Katzen, dass der andere den Angriff stoppt und dem Verlierer Gelegenheit zur Flucht gibt. Der Sieger verfolgt ihn meist nur wenige Meter.

142. Kämpfe zwischen Kätzinnen: Stimmt es, dass sich Kätzinnen oft unnachgiebiger und heftiger in die Wolle geraten als Kater?

Generell sind Kater toleranter gegenüber Artgenossen, die sich in ihrem Revier aufhalten, solange sie ihre Vorrangstellung nicht infrage stellen. Kätzinnen oder auch schwächere Kater dürfen sich oft erstaunliche Freiheiten herausnehmen. Geraten jedoch Kater mit gleichwertigen Revieransprüchen aneinander, fliegen oft buchstäblich die Fetzen. Bis aufs Blut wird dann um

Fühlt sich eine Katze bedrängt, fackelt sie oft nicht lange, sondern setzt sich mit blitzschnellen Pfotenhieben zur Wehr.

die Chefstellung gekämpft. Kätzinnen sind weitaus schneller bereit, ihr Zuhause mit vollem Kralleneinsatz zu verteidigen. Während aggressive Kater aktiv angreifen, führen Kätzinnen fast immer Abwehrkämpfe. Folglich setzen sie hauptsächlich ihre Krallen und weniger die Zähne ein. Und noch einen Unterschied gibt es: Haben Kater die Sache einmal ausgefochten, herrscht schnell wieder Waffenstillstand. Die Damen können sich da wesentlich zickiger verhalten und kriegen sich oft immer wieder in die Wolle. Da Katzen aber nun einmal ausgemachte Individualisten sind, bestätigen Ausnahmen auch hier die Regel – auf beiden Seiten.

143. Katzenbuckel: Warum stellt sich eine Katze immer breitseits vor ihren Gegner, wenn sie einen Buckel macht? ?

Der Katzenbuckel ist für Mieze immer dann Mittel der Wahl, wenn sie einem Gegner gegenübersteht, der übermächtig erscheint und ihr Angst einjagt. Das kann ein fremder Artgenosse sein, der in ihr Revier eingedrungen ist, aber auch ein Hund oder ein anderer Furcht einflößender Feind, der ihr womöglich den Fluchtweg abschneidet. In dieser prekären Situation greift unsere Katze zu einer List: Sie drückt ihren Rücken nach oben und sträubt gleichzeitig das Fell, um im Körperumriss möglichst groß zu wirken. Dabei positioniert sie sich zugleich so, dass der Gegner ihre ganze Breitseite sieht. Würde sie dem Feind frontal gegenüberstehen, würde der ihre neue, hoffentlich eindrucksvolle Silhouette gar nicht registrieren. Der Zweck dieser Körper-Show liegt auf der Hand: Der Angreifer soll von seiner scheinbar übermächtigen Kontrahentin eingeschüchtert werden und gar nicht erst auf die Idee kommen, es mit dieser »Riesenkatze« aufzunehmen. Gelingt der Bluff, hat Mieze eine ernste Bedrohung abgewendet, ohne dabei klein beizugeben und ihr Gesicht zu verlieren.

144. Katzenfreunde – und plötzlich Feinde: Unsere beiden Katzen verstanden sich bisher gut. Von einem Tag auf den anderen sind sie sich spinnefeind geworden. Wie kommt das?

?

Auslöser eines solch plötzlichen Gesinnungswandels ist fast immer ein äußeres Ereignis. Vielleicht hat eine Ihrer Katzen vom Fenster aus einen missliebigen Artgenossen gesehen, der ihr Blut in Wallung brachte. Und als zufällig die Mitkatze des Weges kam, bezog sie ersatzweise die Prügel. Die Verhaltensforscher bezeichnen das als »umgerichtete Aggression«. Wir verstehen derartige Zusammenhänge, die attackierte Katze nicht. Sie wird angegriffen und setzt sich zur Wehr. Damit ist das gegenseitige Misstrauen gesät. Geraten die beiden in der Folge öfter schlecht gelaunt oder frustriert aneinander, erwächst daraus eine handfeste Abneigung. Um zu verhindern, dass sich die Aversionen auf Dauer verfestigen, trennen Sie die Streithähne sofort, wenn sie sich in Ihrem Beisein in die Wolle kriegen.

145. Katzenkampf – Kapitulation: Wie zeigt eine Katze an, dass sie den Kampf aufgibt?

?

Kämpfe unter rivalisierenden Katern verlaufen sehr viel heftiger als die eher harmlosen Raufereien unter Kumpels oder die Kampfspiele junger Katzen. Nach wildem Drohgeschrei stürzen sich die Kontrahenten aufeinander, jeder versucht den anderen mit den Vorderpfoten zu umklammern und ihm Bisse zu versetzen. Erst wenn einer der Kämpfenden in Abwehrstellung auf dem Rücken liegen bleibt, die Pfoten angewinkelt, den Blick abgewandt, heißt das: »Ich gebe auf.« Der andere erkennt die Kapitulation sofort an und stellt seine Attacken ein. Damit erhält der Schwächere die Gelegenheit zur Flucht, und es gehört zu den Spielregeln in Katzenkämpfen, dass er vom Sieger des Duells nicht weiter verfolgt wird.

146. Katzenkampf – Technik: Dient es der Beschwichtigung, wenn sich die Katze im Kampf oder Spiel auf den Rücken wirft?

?

Ein Hund, der seinem Gegner den ungeschützten und leicht verwundbaren Bauch darbietet, signalisiert damit, dass er aufgibt und sich unterwirft. Nicht so die Katze. Wirft sie sich im Kampf auf den Rücken, ist sie alles andere als verwundbar. Im Gegenteil: In der Rückenlage kann sie ihre Waffen besonders wirksam einsetzen, sowohl die Zähne wie die krallenbewehrten Pfoten. Im Clinch drückt sie die Kontrahentin durch heftiges Strampeln und Stoßen der Hinterbeine weg und hält sie mit blitzschnellen Schlägen der Vorderpfoten auf Abstand. In heftigen Schlagserien landen die ausgefahrenen Krallen am Kopf des Gegners. So weit kann es sich auch noch um eine spielerische Rauferei oder um einen kurzen Schlagabtausch um Vorrechte im Revier handeln. Wenn es aber richtig ernst wird, etwa bei Katerkämpfen, stürzt sich der Angreifer trotz hagelnder Hiebe auf den liegenden Gegner. Mit den Vorderpfoten versuchen beide Brust und Nacken des anderen zu umklammern und einen Biss anzubringen. So rollen die Kampfhähne wild über den Boden, wobei die Tritte mit den Hinterbeinen in manchen Fällen so kräftig sein können, dass einer den anderen wie mit einem Judowurf über seinen Kopf schleudert. Die »Hals über Kopf«-Stellung, in der die Kontrahenten landen, sieht nicht gerade vorteilhaft aus, bietet aber dem Untenliegenden beste Abwehrmöglichkeiten, gegen die der andere Kater nicht allzu viel ausrichten kann. In der Regel wird der Kampf in diesem Stadium abgebrochen oder zumindest unterbrochen. So wild ein Katzenkampf auch aussieht, ernsthafte Verletzungen sind selten. Wenn Blut fließt, dann gewöhnlich aus Kratzern an Kopf und Vorderkörper, aus zerschlitzten Ohren sowie Bisswunden an Nacken, Hals und Vorderbeinen. Das meiste heilt von selbst. Bei größeren Wunden muss die Katze aber zum Tierarzt (→ Extra, Seite 33).

147. Katzenpartner für alte Katze: Unsere zwölfjährige Sissy ist ziemlich träge. Würde ihr die Gesellschaft eines Kätzchen guttun?

Grundsätzlich kann auch für ältere Katzen eine Mitkatze eine Bereicherung ihres Lebens darstellen. Die Betonung liegt auf »kann«. Es hängt sehr davon ab, welche Erfahrungen Ihre Katze mit Artgenossen gemacht hat. Lebte sie bislang stets als Einzelkatze, wird sie wahrscheinlich wenig begeistert sein, auf ihre alten Tage das Revier und alles, was sie als Privatbesitz betrachtet, mit einer anderen Katze teilen zu müssen. Und durch ein Kätzchen, das den lieben langen Tag in Spiellaune ist, fühlen sich Katzensenioren schnell genervt. Am besten klappt die Vergesellschaftung mit einer erwachsenen oder schon älteren Katze. Allzu selbstbewusst oder gar rüpelhaft sollte die Neue nicht sein, bei wilden Rangeleien könnte die alte Dame nicht mehr mithalten. Funktioniert die neue Lebensgemeinschaft gar nicht und Ihre Hausgenossin steht unter Stress, sollten Sie die Zweitkatze wieder abgeben und respektieren, dass Ihre alte Freundin den Herbst ihres Lebens mit Ihnen allein verbringen möchte.

148. Katzenpartner für junge Katze: Unser Kater ist ein Jahr alt und macht nur Unfug. Hilft da eine gleichaltrige Katze als Spielkameradin?

Auf jeden Fall! Auch wenn Sie jeden Tag stundenlang mit Ihrem Kater spielen, wird ihm das nicht genug sein. Für die Wartezeit auf die nächste Spielstunde mit seinen Menschen ist ihm ein kätzischer Freund und Spielkamerad sehr willkommen. Bei jungen Katzen stellt das Eingewöhnen meist kein großes Problem dar. Nach anfänglichen Reibereien werden die beiden bald dicke Freunde sein, die nicht selten Körbchen oder Schlummerkissen miteinander teilen. Achten Sie darauf, dass Sie als Partner für Ihren Temperamentsbolzen eine selbstsichere, extrovertierte und am besten gleichaltrige Katze auswählen. Eine eher scheue und schüchterne, die Ihrem »Nachwuchs-Rambo« nicht Paroli bieten kann, würde in seiner Gesellschaft wohl nicht besonders glücklich werden.

149. Kommunikation – schwanzlose Katze: Kann sich auch eine schwanzlose Katze gut mit ihren Artgenossen verständigen? ?

In der Regel ja, denn glücklicherweise haben Katzen noch andere Möglichkeiten der Kommunikation. Die Schwanzstellung unterstreicht lediglich das, was die übrige Körperhaltung, aber auch Bewegung und Mimik ausdrücken. Da Katzen genaue Beobachter sind, haben sie kein Problem, sich mit einer schwanzlosen Artgenossin fehlerfrei zu verständigen. Deutlich mehr Probleme bereitet der Katze das Fehlen ihres Schwanzes beim Springen und Balancieren. Hier wird nämlich der Schwanz als Balancierstange beziehungsweise als Steuerruder im Sprung gebraucht. Aber geschickt, wie Katzen nun mal sind, lernen schwanzlose Katzen auch diese Situationen einigermaßen zu meistern. Das gilt vor allem für Tiere, die schwanzlos zur Welt kommen, wie die Manx-Katzen (→ Info links), aber ebenso für Katzen, die den Schwanz bei einem Verkehrsunfall oder einem anderen Unglück verloren haben.

INFO

Manx – schwanzlose Rassekatzen
Die Schwanzlosigkeit der von der britischen Insel Man stammenden Manx-Katzen entstand bereits vor Jahrhunderten durch natürliche Genmutation. Mit der Schwanzlosigkeit sind weitere Fehlbildungen wie die deformierte Wirbelsäule und ein zu kleiner After verbunden. In Deutschland gilt die Manx als Qualzucht und darf nicht gezüchtet werden.

DIE KÖRPERSPRACHE DER KATZE

Katzen schleichen sich nicht nur lautlos an, sie unterhalten sich sogar lautlos miteinander. Erwachsene Katzen verständigen sich überwiegend mit reiner Gebärdensprache. Speziell

FREUNDLICH BEGRÜSSEN
»Hallo! Schön, dich zu sehen!« Mit aufgerichtetem Schwanz grüßt die Katze eine Artgenossin, die sie gut kennt. Erst wenn die beiden aneinander vorbeigelaufen sind, wird sie ihren Schwanz wieder senken.

ENTSPANNT BEOBACHTEN
Manche sprechen von »Kleinkatzenstellung«, ich bezeichne es als »Kaffeewärmerposition«: Die Vorderpfoten unter der Brust eingeschlagen, beobachtet die Katze relaxt, aber trotzdem aufmerksam ihre Umgebung.

FEIND EINSCHÜCHTERN
Den Rücken hochgedrückt, das Rückenfell aufgestellt, den Schwanz gesträubt: Um ihren Gegner einzuschüchtern, macht sich die Katze möglichst groß. Der Buckel ist Ausdruck einer zwiespältiger Stimmung von Drohung und Angst.

ihre Körperhaltung signalisiert dem Angesprochenen sehr genau, in welcher Stimmung Mieze ist. Auch der Schwanz leistet dabei als weithin sichtbare Signalflagge beste Dienste.

GESPANNT LAUERN
»Da war doch was!« Die Katze erstarrt mitten in der Bewegung, halb geduckt und voll konzentriert. Gespannt und zum Sprung bereit fixiert sie unverwandt die Stelle, wo sie gerade eben eine Bewegung registriert hat.

ABWEHREND FAUCHEN
Fühlt sich eine Katze bedroht oder belästigt, reagiert sie mit mehr oder weniger heftigem Fauchen. Häufig weicht sie dabei zurück oder duckt sich. Kurz darauf zuckt dann die krallenbewehrte Pfote vor, bereit zum Abwehrschlag.

VORSICHTIG ABWARTEN
»Nanu, ein Fremder in meinem Revier? Soll ich wirklich rauskommen?« Mit vorsichtiger Zurückhaltung sondiert Mieze zunächst die Lage, die ihr nicht ganz geheuer ist. So hält sie sich die Möglichkeit zum raschen Rückzug offen.

Vom vertrauten Menschen sanft am Kinn gekrault zu werden, ist das Highlight der täglichen Schmusestunde.

150. Kommunikation zwischen Katzen: Wie verständigen sich Katzen untereinander?

Katzen kommunizieren mit ihresgleichen in einer sehr vielseitigen Sprache. Sie besteht nicht nur aus Lautäußerungen, wie sie für unsere Sprache typisch sind, sondern zusätzlich aus einer Vielzahl optischer Signale, die durch Körperhaltung, Mimik und Schwanzstellung übermittelt werden. Doch damit nicht genug. Katzen geben Informationen auch über Duftstoffe weiter. Diese Form der Verständigung bleibt dem Menschen mit seinem ungleich schwächer entwickelten Geruchssinn weitgehend verschlossen. Wir können nur aus den entsprechenden Reaktionen der Katzen auf die Bedeutung der Signale schließen.

151. Körperkontakt mit dem Menschen: Warum sucht meine Katze immer wieder den engen Körperkontakt mit mir?

Im Zusammenleben mit dem Menschen behalten die Hauskatzen ihr ganzes Leben lang den Kinder-Status bei. Ebenso wie ein Katzenkind sich wohl und sicher fühlt, solange es bei Muttern im Nest kuscheln kann, so fühlt auch Ihre Katze sich geborgen, wenn sie sich auf dem Sofa an Sie schmiegen kann oder auf Ihrem Schoß ruhen darf. Und genau wie Katzengeschwister und später auch befreundete Katzen durch Körperkontakt und gegenseitiges Putzen (→ Seite 101) einen gemeinsamen Familiengeruch herstellen, funktioniert es auch zwischen der Katze und Ihnen: Die Katze reibt sich an Ihren Beinen oder gibt »Köpfchen« (→ Seite 98), und Sie streicheln sie und lassen sie auf Ihrem Schoß schlafen. Der einheitliche Geruch verbindet und schafft ein Gefühl der Sicherheit. Daher liegt eine Katze auch gern auf dem Lieblingssessel des Menschen oder auf Kleidungsstücken, die nach ihrem Menschenfreund riechen.

152. Körpersprache: Ist für die Katze die Körpersprache im Umgang mit ihren Artgenossen wichtiger als die Lautsprache? ?

Auf jeden Fall ist sie das für erwachsene Katzen. An Lautäußerungen lassen Katzen außer dem bekannten Schnurren und Fauchen nur noch Werbungs- und Lockrufe in der Paarungszeit sowie Kampfgeheul und Abwehrkreischen bei Auseinandersetzungen hören. Alltägliche »Umgangssprache« aber ist die Körpersprache. Lautlos verständigen sich Katzen untereinander über ihre Körperhaltung, Gestik und Mimik und mit Blicken. Das kann auf Distanz geschehen oder gleichsam im Vorbeigehen, die Katzen können sich gegenüberstehen und mit Blicken und ihrem mimischen Repertoire und Augenkontakt ganze Dialoge führen. Bei Katzenkindern hat die Lautsprache noch einen höheren Stellenwert. Die Youngster müssen die Feinheiten der Körpersprache nach und nach lernen und einüben, wenn sich mit zunehmendem Alter ihre Körperbeherrschung verbessert. Damit die Verständigung der hilflosen Neugeborenen mit der Mutter vom ersten Tag an klappt, hat ihnen die Natur zwei Laute quasi in die Wiege gelegt: das Schnurren als Zeichen dafür, dass es ihnen gut geht, und ein lautes Schreien, wenn Mamas Hilfe nötig wird. Die Verhaltensforscher haben inzwischen herausgefunden, dass die Katzenmutter tatsächlich nicht auf den Anblick, sondern nur auf die Rufe ihrer Jungen reagiert und ihnen dann zu Hilfe eilt (→ Seite 238). Für Katzenkinder ist die Lautsprache daher überlebenswichtig.

153. Lautsprache – Fauchen: **Kündigt eine Katze durch Fauchen an, dass sie gleich beißt?**

Das Fauchen ist ein Warnlaut, den die Katze ausstößt, wenn sie erschrickt, sich belästigt oder bedroht fühlt. Er dient also in erster Linie der Abwehr des Gegners, der durch das Fauchen eingeschüchtert werden soll. Ein tatsächlicher Angriff bleibt aber in den meisten Fällen aus. Zögert der »Feind«, nutzt die Katze diesen Moment normalerweise zur Flucht. Kommt es aber doch zur Tätlichkeit, setzt Mieze zunächst die Krallen und nicht die Zähne ein. Pfotenhiebe gehören zum Abwehrverhalten, gebissen wird meist nur bei einer Attacke, zum Beispiel bei Katerkämpfen, oder wenn die Katze in völlige Panik gerät.

WARNSIGNALE DER KATZE

VERHALTEN	BEDEUTUNG
Fauchen	Abwehr eines als Bedrohung empfundenen Gegners; stimmloses »chchch«
»Spucken«	Abschrecken durch kurzes, explosives Fauchen; beginnt mit scharfem K-Laut
Knurren	Verteidigung der Beute (Futter, Spielzeug) gegen Konkurrenten
Heulen	Ausdruck höchster Angst, kann in panikartige Abwehr umschlagen
peitschender Schwanz	Zeichen von Unschlüssigkeit und Unmut, kann Angriff vorausgehen
Fellsträuben	Versuch, den Gegner durch Vergrößern des Körperumrisses einzuschüchtern
Pupillenreaktion	erweitert bei Angst, kann eine Abwehrreaktion zur Folge haben; verengt bei aggressiver Stimmung

154. Lautsprache – Gurren: Meine Katze schleppte eine Maus an und gab merkwürdig gurrende Laute von sich. Was wollte sie damit sagen?

Mit weichem Gurren lockt die Katzenmutter ihre Jungen herbei, wenn sie etwas Nahrhaftes für sie hat. Da ihr Gurren Gutes verspricht, sind die Kinder schnell zur Stelle. Bei Ihrer gurrenden Katze sieht es ähnlich aus. Normalerweise verhalten sich Hauskatzen uns gegenüber wie Kleinkinder (→ unten und Seite 125), manchmal aber ist die Rollenverteilung umgekehrt. Zum Beispiel, wenn Katzen Beutetiere nach Hause mitbringen. So wie sie eigene Junge herbeirufen würden, locken viele ihren Menschen mit Gurren herbei, um ihm ihr »Geschenk« zu präsentieren. Andere lassen statt Gurren einen speziellen »Mäuseruf« ertönen, ein helles, gequetscht klingendes Miauen, das sich vom normalen, bittenden Miauen klar unterscheidet.

155. Lautsprache – Heulen: Als wir unseren Kater neulich einfangen mussten, heulte er ganz seltsam. Was bedeutet das?

Ihr Kater sah sich ohne Fluchtmöglichkeit in die Enge getrieben. Und sein Heulen signalisierte seine ambivalenten Gefühle: Da war eine große Angst, gleichzeitig aber auch die Bereitschaft, sich zur Wehr zu setzen. Ob eine Katze dann tatsächlich aggressiv reagiert oder angesichts der ausweglosen Situation kapituliert, lässt sich kaum vorhersagen.

156. Lautsprache – Miauen: Unsere Katzen maunzen, wenn sie uns etwas sagen wollen, untereinander aber nie. Wie kommt das?

Miauen ist der typische Laut, mit dem Katzenkinder nach der Mutter rufen, weil sie Hunger haben, sich fürchten, auf einem Baum festsitzen oder in einer anderen misslichen Lage sind. In der Pubertät verliert sich diese Babysprache und wird durch »erwachsene« Laute ersetzt. Nicht aber bei Katzen, die mit dem Menschen zusammenleben. Für sie ist der Mensch die Supermutter, die sie mit Nahrung versorgt, pflegt und beschützt. Also ist es nur folgerichtig, dass sie dem Menschen gegenüber das kindliche Miau ein Leben lang beibehalten. Im Umgang mit Artgenossen jedoch würde sich die gestandene Katze nie die Blöße geben, in die Babysprache zurückzufallen.

157. Mimik – Augen: Können die Augen auch die Stimmung der Katze ausdrücken?

Die Pupillen der Katze sind in der Dämmerung groß und rund und verengen sich im hellen Licht zu schmalen Schlitzen. Doch die Pupillengröße sagt auch etwas über die aktuelle Stimmungslage aus: Ganz groß werden die Pupillen, wenn die Katze Angst hat, während sie sich beim wütenden Tier zu schmalen Sehschlitzen zusammenziehen. Normal geweitete Pupillen zeigen eine entspannte und ausgeglichene Stimmung an. Verändern sich die Pupillen bei gleichbleibenden Lichtverhältnissen, ist das immer ein Indiz dafür, dass die Stimmung der Katze umschlägt. Aber auch der Öffnungsgrad der Augenlider spiegelt ihr Innenleben wider: Bei aufmerksamen, hellwachen oder misstrauischen Tieren sind die Augen weit offen, während halb geschlossene Lider signalisieren, dass sich die Katze in vertrauter Umgebung völlig sicher und geborgen fühlt.

158. Mimik – Ohren: Ich habe gelesen, dass Katzen in Wut und bei Angst die Ohren anlegen. Wie kann man diese Stimmungen unterscheiden?

Eine verängstigte Katze weicht zurück, duckt sich und klappt ihre Ohren schräg nach hinten. Im Extremfall liegen sie so eng am Kopf an, dass man – auf Höhe des Katzenkopfes – von vorn höchstens die Ohrränder sieht. Gleichzeitig sind die Pupillen geweitet, die Mundwinkel zurückgezogen, und meist faucht die Katze auch abwehrend. Die wütende, angriffsbereite Katze dagegen fixiert ihren Widersacher zunächst mit leicht zur Seite geneigtem Kopf (→ Drohstarren, Seite 130). Ihre Pupillen sind zu schmalen Schlitzen verengt, die aufgerichteten Ohren drehen sich so weit auswärts, dass der Gegner die Ohrrückseite als spitzes Dreieck sieht. In dieser Haltung nähert sich die Katze im Zeitlupentempo dem Kontrahenten, wobei sie meist in tiefer Tonlage knurrt oder jault. In der Regel erfolgt dann die Attacke. Reines Aggressionsverhalten ist selten, fast immer spielt eine Portion Angst mit. Man weiß ja nie, wie stark der Gegner wirklich ist. Auch in der Mimik vermischen sich daher Abwehr- und Angriffselemente. Was überwiegt, lässt sich an den Ohren ablesen: Je steiler sie stehen und je mehr von ihrer Rückseite von vorne sichtbar ist, desto größer ist die Angriffsbereitschaft. Je enger sie am Kopf anliegen, desto stärker ist die Abwehrstimmung.

159. Mimik – Schnurrhaare: Lässt sich auch an den Schnurrhaaren der Katze ablesen, ob sie gut oder schlecht gelaunt ist? ?

Die Schnurrhaare oder Vibrissen dienen nicht nur als hochempfindliche Tasthaare, sondern lassen auch die momentane Stimmung der Katze erkennen.

Mit eindringlichem Blick und forderndem »Miau!« versucht Molly ihren Besitzer auf sich aufmerksam zu machen.

DIE VIELEN GESICHTER DER KATZE

Katzen haben sehr ausdrucksvolle Gesichter – im wahrsten Sinne des Wortes. Mithilfe der Mimik bringt Mieze ihre momentane Stimmung unmissverständlich zum Ausdruck.

AUFMERKSAM

Alle Sinne sind nach vorn gerichtet. Die Augen sind weit offen, die Ohren gespitzt, die Schnurrhaare nach vorn abgespreizt, die Nase zieht die Luft ein: So wendet die Katze alle ihre Sinne dem Punkt ihres Interesses zu.

VÖLLIG ENTSPANNT

Wenn die Augenlider langsam »auf Halbmast« sinken und auch die Schnurrhaare entspannt herunterhängen, fühlt die Katze sich wohl und sicher. Ihr Blick wirkt dann auf einen Betrachter häufig so, als wäre er nach innen gekehrt. Nicht selten markiert dieser entspannte Gesichtsausdruck den Übergang zu einem kleinen Nickerchen, kurz bevor sich die Katze hinlegt. Manchmal aber fallen ihr sogar schon im Sitzen oder Kauern allmählich die Augen zu, das Kinn sinkt auf die Brust, und die Katze schläft ein.

ÄNGSTLICH

Angstsymptome werden oft für Aggressivität gehalten, da die Katze meist gleichzeitig bedrohlich faucht. Ihre Ohren liegen am Kopf, die Schnurrhaare sind rückwärts gerichtet und die Pupillen vor Angst stark geweitet.

Ihre Artgenossen lesen aus den Gesichtszügen selbst feinste Stimmungsnuancen heraus, und sogar der Mensch erkennt auf einen Blick, in welcher Verfassung seine Katze gerade ist.

AGGRESSIV ZORNIG
Eine wütende, zum Angriff bereite Katze klappt ihre Ohren nicht flach nach hinten, sondern verdreht sie gleichzeitig so weit seitwärts, dass der Gegner möglichst viel von der Ohrenrückseite zu sehen bekommt. Die Pupillen sind zu schmalen Schlitzen verengt; die Augen fixieren das Gegenüber starr. Ein rein aggressiver Gesichtsausdruck kommt allerdings selten vor. Meist mischen sich Elemente der Angst darunter, denn schließlich weiß man auch als Katze nie ganz genau, wie stark der Gegner tatsächlich ist.

ÄRGERLICH
Erste Anzeichen dafür, dass Unmut aufkommt, signalisieren die sich nach hinten drehenden Ohren. Manchmal setzt die Katze für dieses subtile Signal auch nur die Gesichtshälfte ein, die dem Adressaten zugewandt ist.

MÜDE
Das herzhafte Gähnen einer müden Katze hat eine durchaus ansteckende Wirkung. Schließlich fallen ihre Augen langsam zu, die Gesichtszüge entspannen sich völlig, die Katze gleitet ins Reich der Träume hinüber. Eine selig schlummernde Katze gibt ein Bild vollkommenen Friedens ab. Doch selbst bei geschlossenen Augen sind die Ohren nicht völlig ausgeschaltet. Schon ein kaum hörbares ungewohntes Geräusch in ihrer näheren Umgebung genügt, um die Schläferin sofort wieder hellwach werden zu lassen.

➤ Bei der entspannten Katze sind die Schnurrhaare zur Seite gerichtet, dabei aber nicht gespreizt.
➤ Hat etwas das Interesse und die Neugier der Katze geweckt, werden die Vibrissen nach vorne gestellt und breit aufgefächert.
➤ In unsicherer oder ängstlicher Stimmung ist der Schnurrbart schmal und wird nach hinten gelegt.
➤ Eine Katze, die bedroht wird und bereit ist, sich zur Wehr zu setzen, stellt die Schnurrhaare ruckartig auf und spreizt sie ab. Fauchen und eine möglichst furchteinflößende Mimik unterstützen das Signal.

160. Neue Katze – Akzeptanz bei Kätzinnen und Katern: Machen Kätzinnen oder Kater mehr Probleme, wenn eine neue Katze einzieht? ?

Kätzinnen verteidigen ihr Zuhause meist vehementer als Kater. Da sie hier ihre Jungen aufziehen, verhalten sie sich ortsgebundener und reagieren misstrauischer auf fremde Artgenossen als die oft umherstreifenden Kater. Die Kätzinnen betrachten Eindringlinge auch eher als Nahrungskonkurrenten. Und fremde Kater könnten zudem ihrem Nachwuchs gefährlich werden (→ Seite 174). Hauskatzen, die sich in der Obhut des Menschen keine Sorgen um Futter oder andere Dinge machen müssen, lernen schnell, dass Neulinge im Haus keine Gefahr darstellen. Kater sind meist bald dicke Kumpel, während Kätzinnen mehr Distanz wahren und zickiger reagieren. Sie gehen eher Zweckgemeinschaften ein, um gemeinsam den Nachwuchs zu betreuen oder Eindringlinge zu vertreiben.

161. Rangordnung: Gibt es bei Hauskatzen eine feste Rangordnung wie bei Hunden? ?

Eine ausgeprägte Rangordnung wie im Hunderudel gibt es bei Katzen nicht. Doch auch sie vereinbaren untereinander, wer wann und wo den Vorrang und das Sagen hat. Das muss aber nicht immer und überall gelten. Unsere Katzendame verscheucht den älteren Kater vom Sofa, wenn sie dort Siesta halten will, er hingegen hat am Futterplatz den Vortritt. Die beiden haben sich irgendwann arrangiert, und alles läuft friedlich und ohne Zoff ab. Aber es gibt auch generell dominante Katzen. Gewöhnlich sind das Tiere, die sich auch dem Menschen gegenüber selbstbewusst zeigen. Scheue Katzen ziehen im Umgang mit diesen forschen »Was-kostet-die-Welt«-Typen den Kürzeren. Bei ständig unterdrückten Tieren artet das häufig in Dauerstress aus und kann zur krank machenden psychischen Belastung führen (→ Mobbing, Seite 240).

162. Rangordnung ermitteln: Soll ich eingreifen, wenn sich unsere beiden sechs Monate alten Katzen wilde Kämpfe liefern? ?

Ihre Katzen stecken mitten im Flegelalter. Da gehört es zum Tagesprogramm, dass sie miteinander raufen und ihre Kräfte messen. Das sieht meist so wild aus, dass man nicht weiß, was Spiel oder Ernst ist. Im Eifer des Gefechts setzt es durchaus herzhafte Bisse. Dann quiekt der Gebissene empört auf, und der »Täter« lässt sofort von seinem Opfer ab und schaltet einen

EXTRATIPP

Katze und Hund aneinander gewöhnen

Gut klappt das mit einer jungen Katze, bei älteren hängt es von den Erfahrungen ab, die sie mit Hunden gemacht haben (→ Seite 137). Bevor die beiden sich kennenlernen dürfen, sollten sie den Geruch des anderen schnuppern. Damit keine Eifersucht aufkommt, muss jeder das Gefühl haben, dass Sie ihm Ihre ganze Aufmerksamkeit widmen. Belohnen Sie den Hund, wenn er sich der Katze freundlich und besonnen nähert, und unterbinden Sie eine allzu stürmische Kontaktaufnahme.

Gang zurück. Kurze Zeit später schlafen die beiden eng aneinandergekuschelt auf dem Sofa. Sorgen um Ihre Rabauken müssen Sie sich nicht machen. Und einen Schlichter brauchen die beiden auch nicht.

163. **Rücken zuwenden: Wenn ich meine Katze tadle, wendet sie mir oft einfach den Rücken zu. Ist sie dann beleidigt?** ?

Das mag für uns so aussehen, interpretiert die Reaktion der Katze aber völlig falsch. Ihr Tadel, sicher im scharfen Ton ausgesprochen und von einem zornigen Blick begleitet, hat die Katze eingeschüchtert. Sie fühlt sich bedroht – aber doch nicht so sehr, dass sie gleich die Flucht ergreift. Stattdessen wendet sie eine Taktik an, die es ihr ermöglicht, bei Ihnen zu bleiben, ohne sich weiter unbehaglich zu fühlen: Sie dreht Ihnen den Rücken zu. So vermeidet sie den unangenehmen Blickkontakt und löst die Spannung der Situation auf. Zugleich ist die Reaktion auch ein Eingeständnis ihrer sozialen Unterlegenheit. Durch das Wegdrehen kann die Katze dabei aber ihr Gesicht wahren.

164. **Schmusen – Aufforderung: Wie erkenne ich, dass mein Kater schmusen will?** ?

Wenn Katzen in Schmuselaune sind, ergreifen sie meist selbst die Initiative, streichen dem Menschen um die Beine, springen auf den Schoß, geben Köpfchen oder stupsen ihn auffordernd mit der Pfote an. Der menschlichen Hand wenden sie immer die Körperpartie zu, wo sie gestreichelt werden möchten. Falls Ihr Kater ein eher schüchternes Naturell hat und sich nicht traut, Sie von sich aus zum Schmusen zu animieren, sollten Sie ihn dazu einladen. Aber bitte nicht, wenn er gerade Siesta hält, mit der Pflege seines Fells beschäftigt ist oder seinen Lieblingsball durchs Zimmer jagt. Machen Sie Ihr Schmuseangebot zu einer Zeit, wo Ihr Kater vollkommen relaxt ist. Streicheln Sie ihm sanft über den Kopf und beobachten Sie dabei seine Reaktion. Verhält er sich gleichgültig oder sogar abweisend, lassen Sie ihn in Ruhe. Beginnt er aber zu schnurren und kommt Ihrer Hand mit dem Kopf entgegen, steht einer zärtlichen Schmusestunde nichts mehr im Weg.

»Ein bisschen Streicheln wäre jetzt nett!« Mit Köpfchengeben fordert Kater Romeo zu einer Schmusestunde auf.

165. **Schmusen – plötzliche Aggression: Warum reagiert unser Kater manchmal aus heiterem Himmel böse, obwohl er eben noch schmuste?**

Die distanzierte Reaktion Ihres Katers kommt nicht »aus heiterem Himmel«. Er versucht auf Katzenart zu sagen, dass er genug hat vom Schmusen. Die ersten Anzeichen aufkommenden Unmuts übersehen viele Katzenhalter leider oft. Sie sind allerdings auch nicht sehr offensichtlich: leichtes Anspannen des Körpers, Seitwärtsdrehen der Ohren, erweiterte Pupillen oder die zuckende Schwanzspitze. Beachtet der Mensch die Signale nicht, »verwarnt« die Katze die streichelnde Hand mit einem zuerst noch leichten Biss. Wird sie weiter gegen ihren Willen festgehalten, setzt sie dann auch die Krallen ein. Dieser Stimmungsumschwung erfolgt oft verblüffend schnell. Die Wissenschaftler diskutieren die Theorie, dass eine Überreizung dafür verantwortlich sein könnte. Demnach gibt es für die Berührungs- und Schmerzempfindungen gemeinsame Nervenbahnen. Das führt dazu, dass selbst sanfte, aber oft wiederholte Berührungsreize an ein und der-

WAS DER KATZENSCHWANZ VERRÄT

Der Katzenschwanz fungiert quasi als Signalflagge und drückt die Stimmungen und Absichten der Katze aus. Stellung und Bewegung des Schwanzes kann man noch auf große Distanz erkennen. Das bedeuten die typischen Schwanzhaltungen:

SCHWANZHALTUNG	BEDEUTUNG
steil nach oben gereckt	Der hochgestellte Schwanz ist eine Geste freundlicher Begrüßung: So läuft die Katze auf Menschen ihres Vertrauens und befreundete Artgenossen zu. Schon Katzenkinder begrüßen ihre Mutter mit aufgestelltem Schwänzchen, wenn sie von einem Ausflug zurückkommt.
entspannt herabhängend mit leicht aufgebogener Spitze	Der nach unten gehaltene, unbewegte Schwanz zeigt an, dass für die Katze die Welt völlig in Ordnung ist. Sie fühlt sich wohl und sicher.
zuckend oder hin und her peitschend	Typisches Anzeichen bei einer Katze, die sich in einem inneren Konflikt befindet und noch nicht weiß, wie sie sich verhalten soll (→ Seite 159).
nach unten zeigend oder zwischen die Hinterbeine gezogen	Signal der unterlegenen Katze, die den Kampf aufgibt oder sich einem Gegner von vornherein unterwirft.
waagerecht nach hinten abgestellt (gleichzeitig sträubt die Katze meist das Fell bzw. bestimmte Partien ihres Fells)	Der nach hinten zeigende Schwanz und das gesträubte Fell signalisieren bedingungslose Angriffsbereitschaft. Im Alltag ist neben der Angriffslust meist auch Angst mit im Spiel. Dann zeigt der Schwanz der Katze zwei ganz unterschiedliche Komponenten: am Schwanzansatz waagerecht abgestellt für Aggressivität, zur Spitze hin senkrecht nach unten weisend für Unsicherheit und Respekt vor dem Gegner. Insgesamt erinnert die Haltung des Schwanzes dann an einen nach unten zeigenden Haken.

selben Körperstelle von der Katze als unangenehm und letztlich sogar schmerzhaft empfunden werden. Dabei spielen sowohl die offenbar individuell sehr unterschiedlichen Empfindlichkeiten der Tiere wie auch ihre jeweilige Stimmungslage eine Rolle.

166. Schnurren: Schnurren Katzen nur, wenn sie sich wohlfühlen? ?

Schnurren ist ein Wohlfühllaut, hat in der Katzensprache aber auch andere Bedeutungen.

➤ Schnurren wirkt beruhigend auf andere Katzen. Die Katzenmutter schnurrt, wenn sie zu den Jungen im Nest zurückkehrt. Dominante Tiere schnurren in Gegenwart unsicherer Artgenossen, um ihnen zu signalisieren, dass sie friedlich gestimmt sind.

➤ Schnurren dient auch der Beschwichtigung. Verletzte oder kranke Katzen schnurren, wenn man sich ihnen nähert oder sie vom Tierarzt untersucht werden. Schnurren heißt hier: »Bitte, tu mir nichts! Ich bin schwach und hilflos und mache keinen Ärger.«

167. Schwanzwedeln: Ist die Katze sauer, wenn ihr Schwanz heftig hin und her schlägt? ?

Der zuckende Schwanz zeigt an, dass die Katze einen inneren Konflikt austrägt. Je größer der Konflikt und die Anspannung sind, desto stärker bewegt sich der Schwanz. Das beginnt oft mit einer leicht zuckenden Schwanzspitze und kann sich zu heftigen Peitschenschlägen des ganzen Schwanzes steigern. Eine typische Situation: Die Katze steht an der Tür und fordert lautstark Freigang. Die Tür wird geöffnet – und sie sieht, dass es in Strömen regnet. Unschlüssig, mit zuckendem Schwanz, verharrt sie auf der Schwelle. Der Reviergang steht an. Aber bei dem Wetter? Auch wenn Sie eine Katze auf dem Arm halten, sollten Sie ihren Schwanz im Blick haben. Viele Katzen dulden

den einengenden Griff nur einige Zeit, dann wird es ihnen unangenehm. Da sie nicht gleich unfreundlich reagieren wollen, beschränkt sich der Unmut zuerst aufs Schwanzzucken. Beachtet der Mensch das Signal nicht, wird die Katze richtig ungehalten: Ihr Schwanz schlägt wild, und es dauert nicht lange, bis sie sich mithilfe der Krallen aus der Umklammerung befreit.

168. Spritzharnen – Bedeutung: Sollen die Duftmarken, die ein Kater beim Spritzharnen im Revier absetzt, seine Rivalen abschrecken? ?

Es wurde oft behauptet, dass Kater ihr Revier markieren, um es als Privatbesitz zu kennzeichnen und ihre Rivalen vor dem Betreten zu warnen. Heute weiß man, dass das nicht stimmt. Katzen, die Duftmarken ihrer Artgenossen beschnuppern, zeigen keinerlei Anzeichen von Unsicherheit, Furcht oder gar Fluchtbereitschaft. Im Gegenteil, sie beriechen die Markierung höchst interessiert und in aller Ruhe. Und setzen anschließend ihre Duftmarke darüber – unabhängig davon, ob sie in der Katzengesellschaft eine dominierende oder eher untergeordnete Rolle spielen. Harnmarkierungen stellen also eher Anwesenheitsnotizen als Besitzkennzeichnungen dar. Ein Kater dokumentiert auf diese Weise seine Präsenz in diesem Areal. Vorbeikommende Artgenossen nehmen die Notiz zur Kenntnis und bringen ihren eigenen »Notizzettel« an. So wissen alle Katzen dieser Gegend, wer wo unterwegs ist und was sich in der Szene tut.

169. Spritzharnen – Technik: Woher weiß man, dass sich Kater beim Harnspritzen nicht einfach nur auf eine etwas andere Art lösen? ?

Wenn ein Kater auf »normale« Weise Harn absetzt, macht er das genauso wie Kätzinnen und Kastraten, indem er über lockerer Erde oder einem Fleckchen

Sand in die Hocke geht und sich löst. Will er jedoch eine Geruchsmarkierung anbringen, sieht dies völlig anders aus. Denn dabei stellt sich der Kater steifbeinig und mit steil erhobenem und zitterndem Schwanz vor eine senkrechte Fläche und sprüht seinen mit dem Sekret der Analdrüsen vermischten Harn mit Druck dagegen. Das funktioniert wie mit einer Sprühdose. Und ähnlich einem Graffiti-Sprayer hinterlässt er diese Visitenkarte an verschiedenen Stellen im Revier. Erfahrene Kater gehen mit ihrem Duftstoff keinesfalls verschwenderisch um, schließlich soll er für mehrere Markierungen reichen. Doch es kommt immer wieder vor, dass besonders eifrige Kater noch zu markieren versuchen, obwohl sie ihr »Pulver« bereits verschossen haben. Sie führen nach wie vor die Spritzbewegungen aus, obwohl kein Tröpfchen mehr kommt.

170. Verhalten gegenüber neuen Artgenossen: Warum verhalten sich Katzen zunächst fast immer abweisend oder aggressiv, wenn eine neue Katze ins Haus kommt?

?

Haus oder Wohnung sind für Katzen der Kernbereich ihres Zuhauses, das Revier 1. Ordnung (→ Seite 21). Es ist tief in den Instinkten der Katzen verwurzelt, dass diese persönliche Lebenssphäre gegen fremde Artgenossen verteidigt werden muss. Erst wenn die Revierinhaberin registriert, dass sie vom Neuzugang nichts zu befürchten hat, werden sich ihre Aversionen langsam legen. Im Klartext bedeutet das, dass Sie als Halter dafür Sorge tragen müssen, dass es der alteingesessenen Katze an nichts mangelt, weder an Futter noch an Zuwendung. Es ist ganz wichtig, dass für die Erstbewohnerin alle Rituale unverändert beibehalten werden und sie ihre verbrieften Vorrechte behält. Sie wird den Neuzugang anfangs ignorieren, dann aber zunehmend tolerieren und schließlich die Vorzüge der neuen Zweisamkeit erkennen und sich über die Spiel- und Kuschelpartnerin freuen. Meistens jedenfalls.

Fortpflanzung und Nachwuchs

Katzenliebe ist ein aufregendes Kapitel – für die Katze, aber auch für ihre Menschen. Erfahren Sie in diesem Kapitel mehr über diese spannende Zeit im Leben Ihrer Katze. Inklusive vieler Details zur Geburt und Aufzucht der Jungen.

171. Ammendienste: Ist eine Katzenmutter bereit, auch fremde Junge zu säugen?

Es kommt häufig vor, dass Kätzinnen, die sich gut kennen, ihre Jungen gemeinsam großziehen. Dabei lassen sich alle denkbaren Varianten beobachten. Manchmal liegen die beiden Mütter mit ihren Jungen in einem gemeinsamen Nest, manchmal wechseln die Kätzchen zwischen den Wurfkisten hin und her. Nicht selten ist der Muttertrieb einer Kätzin so stark ausgeprägt, dass sie regelrecht Jungtiere aus dem fremden Nest entführt und in ihr eigenes verschleppt. Daher macht es fast nie Probleme, wenn man einer säugenden Katze ein verwaistes Katzenjunges unterschiebt, damit sie es zusammen mit ihren Jungen aufzieht.

172. Begattungsschrei: Warum schreit die Kätzin beim Paarungsakt so empört auf?

Man könnte Katzendamen schon für recht kapriziöse Wesen halten. Zuerst werfen sie sich ihrem Liebhaber in aufreizender Manier geradezu an den Hals (→ Seite 177), und kommt es dann zur Paarung, kreischen sie laut auf, wenden sich fauchend gegen den Kater und verpassen ihm mit ausgefahrenen Krallen eine kräftige Ohrfeige. Das ist übrigens der Grund, warum sich erfahrene Kater nach vollzogener Paarung schleunigst in Sicherheit bringen und einige Schritte wegspringen. Der plötzliche Sinneswandel der Katze hat mit dem Penis des Katers zu tun. Der ist mit vielen kleinen scharfen Stacheln besetzt, die nach rückwärts gerichtet sind. Beim Einführen in die Scheide stellt das kein Problem dar, beim Zurückziehen des Penis jedoch wird die Scheidenwand zwangsläufig zerkratzt. Das bereitet der Katze einen heftigen Schmerz, auf den sie mit einem zornigen Aufschrei und meist auch mit aggressiver Abwehr reagiert. Doch in der Natur ist nichts ohne Sinn: Der Schmerzreiz ist notwendig, um den Eisprung der Kätzin auszulösen.

173. Geburt: Wie läuft eine Katzengeburt ab?

Zwischen den ersten Wehen und der Geburt des ersten Jungen können bei der Katze einige Minuten, aber auch mehrere Stunden liegen. Die sogenannten Eröffnungswehen, die als Kontraktionen über den Leib der Katze laufen, kann man fühlen und auch sehen. Sie sind nötig, um den Gebärmutterhals zu erweitern. Halb sitzend und halb liegend putzt sich die werdende Mutter immer wieder am Hinterteil, und ihre Zunge massiert die Geburtsöffnung. Einige kräftige Presswehen sorgen schließlich dafür, dass das erste Baby ausgetrieben wird. Das ist für die Mutter äußerst anstrengend und sichtlich schmerzhaft. Nicht selten schreit sie dabei auf. Während der Austreibung des Jungen platzt die Fruchtblase, in der es steckt, und die Kätzin leckt das Fruchtwasser auf. In den meisten Fällen kommen die Kätzchen mit dem Kopf voran zur Welt, aber auch eine Steißlage ist möglich und in der Regel weder für die Mutter noch für das Kleine ein Risiko. Sofort nach der Geburt beleckt die Kätzin ihr Baby kräftig. Dabei entfernt sie die häutigen Fruchthüllen und regt mit der Zungenmassage die Atmung des Neugeborenen an. Schließlich wird noch die Nachgeburt ausgestoßen, manchmal zieht die Mutterkatze sie auch an der Nabelschnur heraus. Sie beißt die Nabelschnur durch und frisst die Nachgeburt. Nach einer Pause von zehn,

INFO

Verhütung: Die Pille für die Katze

Die »Pille« für die Katze ist ein Hormonpräparat. Es verhindert, dass die Kätzin rollig wird, und muss einmal pro Woche verabreicht werden. Eine vergessene Pille hat schon oft für Nachwuchs gesorgt. Nach Absetzen der Pille kann die Katze wieder Junge bekommen. Bei langer Anwendung steigt das Risiko von Eierstock- und Gebärmuttererkrankungen.

manchmal auch dreißig oder mehr Minuten wiederholt sich der ganze Geburtsvorgang – bis schließlich alle Jungen auf der Welt sind. Dann endlich kann sich die erschöpfte Kätzin zufrieden schnurrend ins Nest legen, während ihr Nachwuchs sich auf den – anfangs beschwerlichen – Weg zu den Zitzen macht, um seine erste Milchmahlzeit einzunehmen.

174. Geburt – Erstgebärende: Weiß auch eine junge Mutterkatze, die zum ersten Mal Kinder bekommt, wie sie sich verhalten muss?

Die meisten Katzen wissen ganz instinktiv, was bei der Geburt ihrer Jungen zu tun ist, auch wenn sie es vorher noch nicht gemacht haben. Sie brauchen daher weder Anleitung noch Hilfe. Zu Komplikationen kommt es höchst selten, und wenn überhaupt, dann nur bei bestimmten Rassezüchtungen. Dennoch kann es nicht schaden, wenn der Tierarzt in der Zeit der Katzengeburt erreichbar ist – für alle Fälle.

175. Geburt – Verhalten der Mutter: Will eine Katze bei der Geburt ihrer Jungen am liebsten allein sein?

Katzen sind Individualisten und sehr eigenständige Persönlichkeiten. Das zeigt sich auch im Verhalten der Katzenmutter bei der Geburt. Familienkatzen, die ein enges Verhältnis zu ihren Menschen haben, erweisen

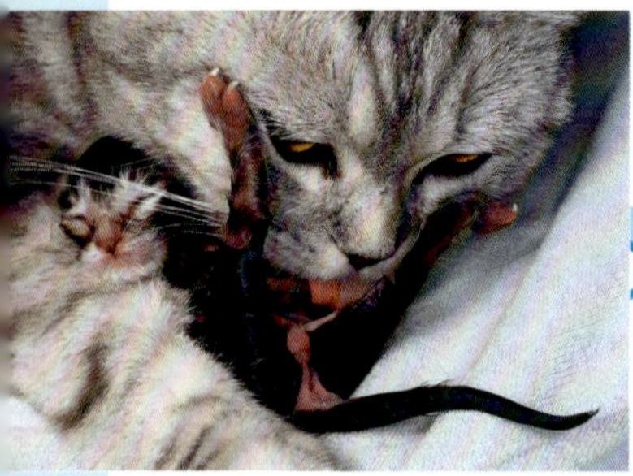

Die Katzenmutter weiß instinktiv, auf welche Weise sie ihre neugeborenen Jungen versorgen und pflegen muss.

sich in den schweren Stunden der Geburt als überaus anhänglich und bestehen darauf, dass der vertraute Mensch neben der Wurfkiste sitzt, sie streichelt und mit leisen Worten beruhigt. Es kommt tatsächlich immer wieder vor, dass eine Katze die Geburt – trotz bereits eingesetzter Wehen – so lange zurückhält, bis der Mensch ihr Beistand leisten kann. Unabhängigere Charaktere unter den Kätzinnen hingegen ziehen sich kurz vor der Geburt der Jungen zurück oder wählen die ruhigen Nacht- und frühen Morgenstunden, wenn alles schläft. Eine Katze, die ihre Kinder irgendwo außerhalb der Wohnung zur Welt gebracht hat, taucht dann meist am nächsten Tag rank und schlank wieder auf … und man darf sich auf die mühevolle Suche nach ihren Jungen machen.

176. Geburtsanzeichen: Woran erkenne ich, dass bei unserer schwangeren Katze Lily die Geburt unmittelbar bevorsteht? ?

Wann der Deckakt stattfand, wissen meist nur die Rassekatzenzüchter, die ihre Tiere gezielt zusammenführen. Von diesem Zeitpunkt an dauert es jedenfalls noch durchschnittlich 63 Tage bis zur Geburt, es können aber auch nur 60 oder bis zu 68 Tage sein. In den letzten Tagen vor der Geburt wird die Kätzin merklich unruhig. Ihr Gesäuge schwillt an, oft setzt schon die Milchproduktion ein. Die werdende Mutter sucht jetzt immer öfter nach geeigneten Nestplätzen und testet sie durch Probeliegen. Wenn Sie Ihrer Katze ein Wurflager (→ Seite 185) anbieten, probiert sie auch das sicher aus. Sobald die ersten Wehen einsetzen, reagieren menschenbezogene Katzen höchst anhänglich, klagen laut und versuchen, die Aufmerksamkeit und den Beistand ihrer Menschenfreunde zu erlangen. Andere Katzen verschwinden klammheimlich von der Bildfläche, suchen sich ein Versteck, wo sie die Jungen ungestört zur Welt bringen können, und tauchen oft erst mehrere Tage nach der Geburt wieder auf.

177. Homosexualität: Gibt es homosexuelles Verhalten bei Katzen?

Homosexualität gibt es bei den Katzen, und zwar bei beiden Geschlechtern. Verhaltensforscher haben ein derartiges Verhalten immer wieder beobachtet und beschrieben, übrigens nicht allein bei Hauskatzen, sondern auch bei verschiedenen Arten wild lebender Katzen. Homosexuelle Verhaltensweisen setzen bei den Katzen offenbar voraus, dass sich ihr Sexualtrieb sehr stark angestaut hat und ein passendes »Objekt der Begierde« nicht verfügbar ist. Die Tiere führen dabei das vollständige Begattungsverhalten durch, bei Kätzinnen zwangsläufig ohne Kopulation. Die Kater können beim Liebesakt durchaus freiwillig den weiblichen Part übernehmen, nicht nur dann, wenn sie vergewaltigt werden – was allerdings ebenfalls gelegentlich vorkommt.

178. Inzucht: Wir haben zwei Jungkatzen, Kater und Kätzin, die nur in der Wohnung leben. Müssen wir sie kastrieren lassen, um keinen Nachwuchs zu bekommen?

Sie sollten Ihre beiden Katzen auf jeden Fall kastrieren lassen, Katzen legen nämlich beim Sex keinerlei verwandtschaftliche Hemmungen an den Tag. Ob es sich um Wurfgeschwister oder Mutter und Sohn handelt: Sobald der junge Kater ins Mannesalter kommt und die Kätzin rollig wird, werden sie sich mit hoher Wahrscheinlichkeit paaren. Dabei kommt es auch immer wieder vor, dass sich Kater als ausgesprochen frühreif entpuppen und ihre Fähigkeiten schon im jugendlichen Alter von einem halben Jahr ausprobieren. Auf diese Weise wurde schon manche Kätzin schnell wieder trächtig, der man ihren vermeintlich noch kindlichen Sohn im guten Glauben beließ, dass der halbwüchsige Kater noch meilenweit von der Geschlechtsreife entfernt ist.

179. Jungenaufzucht – Dauer: Wie lange kümmern sich Katzenmütter um ihre Jungen? ?

Katzen sind gute und liebevolle Mütter. Vor allem in den ersten vier Lebenswochen werden die Jungtiere von ihrer Mutter rund um die Uhr versorgt und gepflegt, gewärmt und wenn nötig verteidigt oder in Sicherheit gebracht. Eine Wohnungskatze lässt ihren Wurf nur für kurze Zeit allein, um etwas zu fressen oder auf die Toilette zu gehen. Eine Freilandkatze geht in dieser Zeit auf die Jagd. Oft bietet sie den Jungen schon in der 4. Woche feste Nahrung an, indem sie tote Beutetiere ins Nest schleppt. Die Wohnungskatze animiert ihre Kinder, sie zum Futternapf zu begleiten. Trotzdem dürfen die Kleinen weiter bei ihr Milch trinken. Wann die Kätzchen entwöhnt werden, entscheidet die Katzenmutter (→ Seite 180). Manche säugen sie auch noch mit vier oder sechs Monaten gelegentlich, wenn die Jungen um Milch betteln. Beim Säugen und gemeinsamen Ruhen kümmert sich die Mutter auch um die Fellpflege der Kinder – ein Job, der mit zunehmendem Alter der Jungen immer öfter zum Ringkampf ausartet, weil die Kleinen nicht mehr stillhalten wollen. Die von Muttern herbeigeschleppten Mäuse lehnt die Rasselbande aber nie ab. Auch bei der Verpflegung mit Beutetieren entscheidet die Kätzin, wann ihre Jungen genug gelernt haben (→ Seite 194), um selbst für ihr leibliches Wohl zu sorgen. Meist vollzieht sich die Abnabelung vom mütterlichen Futtertrog im Alter von vier bis fünf Monaten.

180. Jungenaufzucht – Tanten: Von unseren drei Kätzinnen bekommt eine bald Nachwuchs. Wie werden sich die beiden anderen Damen gegenüber den Neugeborenen verhalten? ?

Wenn Ihre drei Katzendamen sich gut kennen oder sogar miteinander befreundet sind, müssen Sie sich ums friedliche Miteinander keine Gedanken machen.

DIE ERSTEN ACHT WOCHEN

Die ersten Wochen im Leben der Kätzchen sind geprägt von einer rasanten Entwicklung. Jeder Tag bringt Neues für die kleinen Erdenbürger. Innerhalb weniger Wochen entwickeln

1. LEBENSWOCHE
Katzenbabys kommen blind, ohne Zähne und mit geschlossenem Gehörgang zur Welt. Ihr Geruchssinn hingegen funktioniert gut, damit erkennen sie Mutter, Geschwister und das Nest. Ihr Tag besteht nur aus Schlafen und Trinken.

2. LEBENSWOCHE
Jetzt richten sich die Ohren auf und nehmen ihren Dienst auf. Mit etwa zehn Tagen öffnen sich auch allmählich die Augen, doch erst nach einigen weiteren Tagen können die kleinen Katzen damit wirklich etwas wahrnehmen.

3. LEBENSWOCHE
Die jungen Katzen werden mobiler, kriechen im Nest herum und tapsen schon spielerisch nach den Geschwistern. Sie orientieren sich jetzt bereits gut an Geräuschen und wenden sich der heimkommenden Mutter zu.

sie sich von hilflosen Winzlingen zu quicklebendigen Fellknäueln, die mit wachen Sinnen ihre Umwelt erkunden und alles lernen, was für das Leben einer Katze nötig ist.

4. LEBENSWOCHE
Die Kätzchen nehmen Augenkontakt mit der Mutter und den Menschen am Nest auf. Sie machen erste Ausflüge außerhalb der Wurfkiste. Die Milchzähne brechen durch, und einige Junge kauen schon auf Futterbröckchen herum.

5. UND 6. LEBENSWOCHE
Springen klappt gut, und man startet erste Klettersuche. Die Katzenkinder beginnen miteinander und mit Gegenständen zu spielen. Sie ahmen ihre Mutter auch beim Fressen nach und fangen schon kleinere Beutetiere.

7. UND 8. LEBENSWOCHE
Ab der 8. Woche ist das Milchgebiss ausgebildet, und die Kätzchen fressen nun feste Nahrung. Im Spiel trainieren sie ihre körperlichen und sozialen Fähigkeiten. Ihre Neugier treibt sie zu immer weiteren Entdeckungstouren an.

Es ist sehr wahrscheinlich, dass sich die beiden nicht trächtigen Weibchen als »gute Tanten« ganz liebevoll um die Jungen der Freundin kümmern, speziell dann, wenn sie selber bereits Erfahrung in der Jungenaufzucht haben. Natürlich können sie die Kätzchen nicht säugen, aber sie werden sie putzen und mit ihnen spielen. Noch enger und inniger gestaltet sich die Zusammenarbeit bei der Jungenfürsorge, wenn in einer Katzengruppe zwei oder mehr Weibchen zur gleichen Zeit Nachwuchs haben. Dann kann man recht häufig beobachten, dass die Mütter beim Säugen und bei der Pflege keinen Unterschied zwischen den eigenen und fremden Jungen machen (→ Seite 164). Der Ehrlichkeit halber darf nicht unerwähnt bleiben, dass es auch unter Katzendamen griesgrämige Eigenbrötlerinnen gibt, die vom ganzen »Kindergeschäft« wenig halten und jedes Junge, das sie zum Spielen auffordert, abweisend anfauchen. Und manchen Weibchen bringen die quirligen Katzenkinder viel zu viel Unruhe in ihren Alltag. Sie ziehen sich unauffällig in ruhigere Gefilde zurück, solange der lebhafte Nachwuchs das Haus unsicher macht.

181. Kastration: Verändert die Kastration das Wesen der Katze?

Da mit der operativen Entfernung von Hoden bzw. Eierstöcken (→ Info, Seite 174) diejenigen Organe ausgeschaltet werden, die für die Produktion der Geschlechtshormone verantwortlich sind, kommt auch das geschlechtstypische Sexualverhalten zum Erliegen. Bei der Kätzin bedeutet das vor allem, dass die immer wieder stressige Zeit der Rolligkeit entfällt, die Katze wird im Wesen ausgeglichener und selbstbewusster. Einen noch deutlicheren Unterschied im Verhalten gibt es beim Kater: Er streunt nicht mehr auf der Suche nach rolligen Katzendamen umher, zeigt sich gegenüber seinen Geschlechtsgenossen verträglicher, verteidigt sein Revier nicht mehr so vehement und kommt infolgedessen mit weniger Blessuren nach Hause. Vor allem aber hört er auf, seine penetrant riechenden Harnmarkierungen zu setzen. Obwohl auch ein kastrierter Kater noch ab und zu spritzharnt, hat sein Harn längst nicht mehr den intensiven Geruch wie der potenter Kater. Am Temperament einer Katze, an ihrer Neugier, Bewegungsfreude und Spiellust ändert die Kastration nichts.

Am Charakter der Katze ändert die Kastration nichts. Sie bleibt ebenso bewegungsfreudig und neugierig wie vorher.

182. **Katergesänge: Meine Katze ist rollig. Nachts heulen die Kater vor dem Haus. Wollen sie mit diesem Gejaule die Kätzin bezirzen?** ?

Das Heulen der Kater ist beileibe kein Liebeslied für die Katzendame, wie oft angenommen wird. Ganz im Gegenteil: Es handelt sich um ein Kampfgeschrei, das an die Adresse der rivalisierenden Konkurrenz gerichtet ist und sie einschüchtern soll. Grundsätzlich ist derjenige Kater, in dessen Revier sich die rollige Dame befindet, im Vorteil, da die Freier aus benachbarten Territorien zuerst ihre Hemmung überwinden müssen, um in das fremde Revier vorzudringen. Doch die Verlockung, die von der lauthals lockenden rolligen Kätzin und ihrem betörenden Sexualgeruch ausgeht, ist übermächtig, und so riskieren die Nachbarkater den Konflikt und folgen dem Ruf der Weiblichkeit. Natürlich kann es dabei nicht ausbleiben, dass sich immer wieder Kater in die Wolle geraten – was regelmäßig mit dem schönsten Lärm verbunden ist.

183. Katerkämpfe: Kommt es unter den Freiern einer rolligen Kätzin immer zu Kämpfen?

?

Erstaunlicherweise geraten sich die Konkurrenten um die Gunst einer Katzendame eher selten ernsthaft in die Wolle. Bei den meisten Auseinandersetzungen beschränken sich die rivalisierenden Kater aufs Drohen. Mit ausgeprägtem Imponiergehabe versucht jeder der Freier, sein Gegenüber einzuschüchtern. Nach langem gegenseitigem Taxieren tritt dann der Schwächere oder Zaghaftere den Rückzug an. Manchmal läuft es allerdings doch anders. Dann kommt es unter lautem Gekreische zu heftigen Handgreiflichkeiten unter den Katern. Obwohl der Zoff oft nur kurze Zeit andauert, hinterlässt er bei den Kämpfern nicht selten tiefe Schrammen auf der Nase und zerschlitzte Ohren.

184. »Kindermord«: Stimmt es, dass Kater für die Kätzchen eine große Gefahr darstellen, weil sie die Kleinen umbringen?

?

Tatsächlich hat man bei wild lebenden Katzen schon häufiger beobachtet, dass fremde Kater Jungtiere totbeißen, wenn sie auf deren Nest stoßen. Das kommt sowohl bei Löwen und anderen wilden Katzenarten

INFO

Kastrieren oder sterilisieren?

➤ Bei der Kastration entfernt der Tierarzt die Eierstöcke der Kätzin bzw. die Hoden des Katers. Die kastrierte Katze kann nicht mehr trächtig werden. Der Kater ist zeugungsunfähig, und sein Sexualverhalten wird stark gedämpft.

➤ Bei der Sterilisation werden die Eileiter bzw. Samenstränge durchtrennt. Die hormonproduzierenden Keimdrüsen bleiben erhalten, daher ändert sich am Sexualtrieb der Tiere nichts. Die Sterilisation wird in der Regel nicht mehr vorgenommen.

wie bei verwilderten Haus- oder Bauernhofkatzen vor. Was uns grausam anmutet, ist für den Kater ein probates Mittel, die Verbreitung seiner eigenen Gene zu fördern. Hat die Kätzin nämlich keine Kinder mehr, wird sie schon bald wieder rollig, und der neue Kater hat die Gelegenheit, sie zu decken. Die Jungen des nächsten Wurfs werden folglich seine Gene tragen, und die Katzenmutter »verschwendet« keine Zeit und Energie darauf, den Nachwuchs eines Rivalen zu versorgen und großzuziehen.

185. Milchtritt: Was muss man unter dem Milchtritt verstehen? ?

Wer einmal dabei war, wenn die Katzenkinder an den Zitzen ihrer Mutter saugen, hat wahrscheinlich schon beobachtet, wie sich die Jungen mit den Vorderpfoten rhythmisch gegen die Milchleiste der Kätzin stemmen, bevor sie zu trinken beginnen, und dann auch immer wieder zwischendurch. Die regelmäßigen, den Milchfluss anregenden Tretbewegungen nennt man Milchtritt. Begleitet wird der Milchtritt von vernehmlichem Schnurren, mit dem die Kleinen ihrer Mutter signalisieren, dass es ihnen rundum gut geht. Fast alle Katzen führen den Milchtritt auch noch als Erwachsene aus, vorwiegend beim vertraulichen Kuscheln auf dem weichen Schoß des Menschen (→ Seite 118).

186. Nachgeburt: Unsere Mia hat Kinder bekommen. Die Nachgeburten fraß sie unmittelbar nach der Geburt auf. Ist das normal? ?

Auch wenn es für uns nicht unbedingt appetitlich aussieht, hat sich Ihre Mia absolut normal verhalten, als sie die Nachgeburten (Plazenten) der Neugeborenen nach der Geburt aufgefressen hat. Ihre Instinkte sagen der Katzenmutter, dass sie das Wurflager sauber halten muss, zum einen aus hygienischen Gründen, zum andern, weil in freier Natur durch den Geruch der Nachgeburten Raubtiere angelockt werden könnten. Hinzu kommt aber auch, dass die junge Mutter durch die Geburt geschwächt und auf jede stärkende Mahlzeit angewiesen ist. Und die Plazenta liefert ihr viele wertvolle Nährstoffe.

187. Neugeborene: Auf welche Weise umsorgt die Katzenmutter ihre neugeborenen Jungen?

Wie in so manch anderer Hinsicht verhalten sich die Katzenmütter auch bei der Pflege ihrer Jungen recht unterschiedlich. Die einen sind wahre Übermütter und lassen ihre Babys in den ersten Tagen kaum eine Minute allein, höchstens für eine schnelle Mahlzeit oder den Gang zur Toilette. Sie sind ständig für die Kleinen da und wärmen, säugen und putzen sie. Es gibt aber auch andere Kätzinnen. Sie sehen alles viel gelassener, säugen ihre Jungen alle paar Stunden, verlassen dann aber das Nest schon wieder, um ihren sonstigen Beschäftigungen nachzugehen. Mütter, die auf die Jagd gehen müssen, um ihren Lebensunterhalt zu bestreiten, sind natürlich gezwungen, ihren Nachwuchs von Zeit zu Zeit alleine zu lassen. Die Kleinen warten eng aneinandergekuschelt und verhalten sich ganz still oder schlafen, bis die Kätzin wieder zu ihnen zurückkehrt. Nach ein paar Tagen nimmt aber auch die fürsorglichste Katzenmutter ihre Alltagsroutinen wieder auf, kehrt aber in regelmäßigen Zeitabständen zum Säugen und Putzen ins Wurflager zurück.

Mit kräftigen Bürstenstrichen der Zunge reinigt die Katzenmutter das Fell ihres Jungen und regt so auch seinen Kreislauf an.

Die pflegende Zunge der Mutter hält nicht nur das Fell der Babys sauber, sie regt auch Kreislauf und Verdauung an, was besonders wichtig ist, solange die Kleinen noch nicht laufen können. Durch Lecken des Hinterteils stimuliert die Mutterkatze ihre Jungen dazu, Kot und Urin abzusetzen. Um das Nest sauber zu halten, nimmt sie die Hinterlassenschaften sofort auf. Beim Kuscheln und Säugen legt sich die Mutter so hin, dass ihr Körper die Jungen im Halbkreis umschließt. Ihr gleichmäßiges Schnurren vermittelt den Kleinen, dass alles in Ordnung ist. Und die Kätzchen, deren Augen noch geschlossen sind, schnurren dann ebenfalls voller Wohlbehagen und Vertrauen.

188. Paarung: Paart sich die Kätzin mehrmals während ihrer Rolligkeit? ?

Bei Katzen bedeutet ein Deckakt nicht das Ende der Rolligkeit. Er wiederholt sich oft über mehrere Tage. Die Kätzinnen kopulieren zum Teil sieben- bis zehnmal am Tag und über zwei bis drei Tage. Bei diesen häufigen Liebesakten kommen unter natürlichen Bedingungen meist mehrere Kater zum Zug. Manche Kätzinnen geben sich aber auch mit einem Liebhaber ihrer Wahl und zwei bis drei Paarungen zufrieden. Ihre Rolligkeit klingt dann bereits ab.

189. Paarungsbereitschaft: Wie zeigt eine Kätzin dem Kater, dass sie zur Paarung bereit ist? ?

Die Katzendame fordert den Kater unmissverständlich und recht unverblümt zur Paarung auf. Sie macht sich vor ihm flach, Bauch am Boden, Hinterteil in die Höhe gereckt, Rücken zum Hohlkreuz durchgedrückt. Ihren Schwanz legt die Kätzin zuvorkommend seitwärts, damit nichts den Partner behindert. Sie hält still, sobald er über sie steigt und sie mit festem Biss am Nackenfell packt.

190. Partnerwahl: Wer trifft bei der Wahl des Partners die Entscheidung, Kätzin oder Kater?

Bei Katzen hat die Dame das Sagen. Durch ihr lautes Rufen und durch den spezifischen Sexualgeruch lässt sie die Kater der Umgebung wissen, dass sie einen Partner sucht. Ein Freier muss sich aber zuerst ihre Gunst erwerben. Er muss freundlich und geduldig um sie werben, während sie sich anfangs ziemlich kratzbürstig gibt. Außerdem kommen dem Kater meist andere männliche Interessenten in die Quere, die es zu vertreiben gilt. Irgendwann, oft erst nach Tagen, trifft die Kätzin ihre Wahl, präsentiert sich ihrem Auserwählten in eindeutiger Pose und fordert ihn damit zur Begattung auf (→ Seite 177).

191. Partnerwahl – Freier: Darf sich immer der stärkste Kater mit der Kätzin paaren?

Körpergröße und Kraft ihrer möglichen Liebhaber spielen bei der Partnerwahl der Kätzin nicht die entscheidende Rolle. Es kommt gar nicht selten vor, dass die Dame eine Weile interessiert zuschaut, wie sich zwei Kater ihretwegen duellieren, und sich dann aber heimlich, still und leise mit einem dritten Herrn in die Büsche schlägt. Und der Auserwählte kann ein ganz schmächtiges Kerlchen oder ein schüchterner Kavalier sein.

INFO

Schwere Zeiten mit der rolligen Katze
Eine rollige Katze kostet Nerven. In dieser Zeit wird sie extrem anhänglich, will ständig gestreichelt werden, wirft sich vor ihrem Menschen auf den Boden, gurrt und schreit. Und sie lauert auf jede Chance, um auszubüxen und sich auf die Suche nach Katern zu machen. Wenn sie Tage später ohne Anzeichen von Rolligkeit heimkommt, war ihre Suche erfolgreich.

192. Rolligkeit – Dauer: Wie viele Tage befindet sich eine Katze im Zustand der Rolligkeit? ?

Unter natürlichen Bedingungen ist eine Katze nur wenige Tage rollig. Spätestens dann finden sich interessierte Kater ein, die Kätzin wird gedeckt, und ihre Rolligkeit klingt ab. Eine Katze, die nicht gedeckt wird, kann bis zu zwei Wochen lang rollig bleiben, um nach einer kurzen Zwischenphase wieder rollig zu werden – nicht selten fast jeden Monat aufs Neue. In extremen Fällen kann das zur Dauerrolligkeit führen, die für die Katze einen erheblichen Stress bedeutet, unter dem sie sichtbar leidet. Der einzig wirksame Weg aus diesem Dilemma ist die Kastration (→ Seite 174), die die Produktion der Geschlechtshormone und damit auch die Rolligkeit unterbindet.

193. Rolligkeit – Häufigkeit: Wie oft wird die Kätzin rollig? Und wie lange nach einer Geburt kann sie wieder rollig werden? ?

Normalerweise wird eine Kätzin ein- bis zweimal im Jahr rollig, meist im Spätwinter und im Sommer, manchmal ein weiteres Mal im Spätherbst. Bei einer Reihe von Rassekatzen sieht es etwas anders aus: Die Siamkatzen werden zum Beispiel besonders häufig rollig, wobei ihre Rolligkeitsphasen völlig unabhängig von der Jahreszeit auftreten. Das andere Extrem sind die Perserkatzen, die gewöhnlich nur einmal im Jahr rollig werden. Nachdem eine Kätzin einen Wurf Junge großgezogen hat und ihr Milchfluss wieder versiegt ist, dauert es oft nur noch wenige Wochen, bis eine erneute Rolligkeit einsetzt. Einzige Ausnahme: Wenn die Kätzin durch das Säugen eines großen Wurfs körperlich stark in Mitleidenschaft gezogen wurde und buchstäblich ausgezehrt ist. Dann sorgt die Natur dafür, dass sie erst einmal wieder zu Kräften kommt und ein paar Fettreserven ansetzt, bevor ihr Organismus erneut zum Kinderkriegen bereit ist.

194. Rolligkeit – Symptome: Woran kann ich erkennen, dass meine Kätzin rollig ist?

Die Rolligkeit bei der Katze geht mit deutlichen Verhaltensänderungen einher. In den ersten Tagen wird Ihre Katze deutlich mehr Aufmerksamkeit, Nähe und Zärtlichkeit einfordern als sonst. Sie streicht Ihnen jetzt meist unentwegt um die Beine und drängt sich Ihrer streichelnden Hand geradezu auf. In der nächsten Phase fängt sie damit an, sich immer wieder am Boden zu rollen, von der einen Seite auf die andere. Spätestens hier versteht man auch, woher der Begriff »Rolligkeit« stammt. Gleichzeitig fangen die meisten Kätzinnen an, lautstark und ausdauernd zu schreien: Sie rufen nach einem Kater. Mangels geeignetem Geschlechtspartner bieten sie sich mit allen Anzeichen der Paarungsbereitschaft (→ Seite 177) sogar dem Menschen an. Selbst bei ausgesprochen häuslichen Katzendamen ist jetzt der Wunsch übermächtig, nach draußen zu kommen. Sie suchen unentwegt nach einem Schlupfloch – und finden es meist in einem unbewachten Moment auch. Für die rollige Katze und ihre Menschen eine gleichermaßen aufreibende Zeit.

195. Säugen: Wie oft und wie lange werden die Katzenkinder von ihrer Mutter gesäugt?

Anfangs trinken die Katzenbabys noch in sehr kurzen Abständen, zum Teil stündlich, aber immer nur für wenige Minuten. Das Saugen strengt sie noch so sehr an, dass sie oft einschlafen, während sie noch die Zitze im Mäulchen haben. Im Laufe der Wochen trinken sie länger, dafür aber weniger oft. Ihre Mutter kommt seltener zum Säugen ins Nest, sie geht zunehmend länger auf die Jagd oder gönnt sich lang ausgestreckt eine kleine Erholungspause neben der Wurfkiste. Manche Kätzinnen sind hingebungsvolle Mütter, die rund um die Uhr für ihre Jungen da sind, andere erledigen den Job der Jungenaufzucht eher lässig und nebenbei.

Es hängt auch ganz vom Gutdünken der Mutter ab, bis zu welchem Alter sie ihren Nachwuchs trinken lässt. Einige Katzenmütter machen sich schon rar, sobald die Kleinen selbstständig Nahrung aufnehmen können, und lassen sie noch ab und zu, mit acht bis zehn Wochen aber schließlich gar nicht mehr an die Milchbar. Andere Weibchen hingegen bringen auch gegenüber 14 oder 16 Wochen alten Jungen noch eine wahre Engelsgeduld auf und bieten der Rasselbande ihre Zitzen an, selbst wenn der Milchfluss ab der 10. Woche immer mehr versiegt. Auf die Kätzchen hat das gewohnte Säugen eine beruhigende Wirkung. Und im Körperkontakt mit Mama fühlen sie sich sowieso am sichersten.

196. Scheinträchtigkeit: Wie kann es bei der Katze zu einer Scheinträchtigkeit kommen, und wie lange hält dieser Zustand an? ?

Bei der Katze löst normalerweise erst der Deckakt den Eisprung (Ovulation) aus, der wie bei allen Säugetieren die Voraussetzung für eine Schwangerschaft ist. Eine Scheinträchtigkeit kann sich entweder nach einer erfolglosen Kopulation entwickeln oder aber, wenn es bei einer rolligen Katze ohne Deckakt zum Eisprung kommt. In einzelnen Fällen lässt sich die Ovulation bei der Katze nämlich schon allein durch Druck auf den Lendenwirbelbereich auslösen. Dazu kann es kommen, wenn sich die Kätzin heftig am Boden rollt oder man ihr Hinterteil mit Nachdruck nach

In den ersten Wochen ihres Lebens stärken sich die kleinen Kätzchen ausschließlich an der Milchbar ihrer Mutter.

unten drückt – allerdings nicht beim ganz normalen Streicheln über den Rücken, wie es immer wieder befürchtet wird. Der aus dem Eisprung resultierende Gelbkörper setzt im Organismus der Katze dieselben hormonellen Abläufe in Gang wie bei der Trächtigkeit: Die Zitzen schwellen sichtbar an, und sogar Milch kann ins Gesäuge einschießen. Die Katze baut ein Nest und schleppt nicht selten auch Gegenstände hinein, die sie wie Neugeborene behandelt. Nach etwa ein bis zwei, manchmal auch erst nach vier bis sechs Wochen klingt das Ganze ab, und die Katze verhält sich wieder »normal«. Wenn sich eine Scheinträchtigkeit mehrfach wiederholt, sollte man in Absprache mit dem Tierarzt eine Kastration in Erwägung ziehen, um der Katze den Stress dieser Wochen und eventuelle Gesundheitsprobleme zu ersparen.

197. Trächtigkeit: Wie oft kann eine Katze im Jahr Nachwuchs bekommen? Und bis zu welchem Alter kann sie noch Mutter werden? ?

Eine Hauskatze kann zwei- bis dreimal im Jahr rollig werden – und hat, wenn sie gedeckt wird, jeweils zwei Monate später Nachwuchs. Ein durchschnittlicher Wurf besteht aus drei bis vier Kätzchen, es können aber auch sechs sein. Eine Katze in guter körperlicher Verfassung kann durchaus mit zehn oder zwölf Jahren noch Junge gebären, wenn auch die Würfe älterer Katzen kleiner ausfallen. Dass eine einzige Kätzin in ihrem Leben gut und gern hundert oder mehr Junge zur Welt bringen kann, erfordert keine allzu großen Rechenkünste. In freier Natur würde nur ein Teil der Nachkommen überleben. Anders bei behüteten und gut versorgten Familienkatzen, wo der Nachwuchs beste Zukunftsaussichten hat. Damit stellt sich aber das Problem, wohin mit all den lieben Kleinen. Sofern Sie sich nicht gerade züchterisch betätigen wollen, sollten Sie daher ernsthaft darüber nachdenken, Ihre Katze rechtzeitig kastrieren zu lassen.

198. Trächtigkeit – Verhaltensänderungen: Wie verändert sich das Verhalten der Katze im Lauf ihrer Schwangerschaft?

In den ersten drei bis vier Wochen nach der Paarung ändert sich nichts. Ab der 5. Woche zeigen sich körperliche Anzeichen der Trächtigkeit: Das Bäuchlein rundet sich, die Zitzen werden fester. Die Verhaltensänderungen sind unübersehbar: Die Katze wird anhänglicher und ruhiger und bleibt häufiger zu Hause. Ihr Appetit lässt nicht zu wünschen übrig, sie betreibt ihre Körperpflege mit besonderer Hingabe und Ausdauer. Je weiter die Trächtigkeit fortschreitet, desto eingehender inspiziert die werdende Mutter alle möglichen Winkel und Ecken des Hauses und prüft sie auf ihre Eignung als Kinderstube. Man findet sie beim »Probeliegen« an den merkwürdigsten Plätzen: in Schubladen, Schrankfächern oder im Bücherregal.

EXTRATIPP

Scheinschwanger – zum Tierarzt?
Häufig schwillt bei scheinschwangeren Katzen das Gesäuge an, und Milch schießt ein. Da die Milch nicht abgesaugt wird, kann es zu schmerzhaften Gesäugeentzündungen kommen. Kühlende Umschläge lindern, trotzdem sollten Sie die Katze zum Tierarzt bringen. Wiederholte Scheinträchtigkeiten führen nicht selten zu Gebärmutterentzündungen.

199. Treue: Wie halten es Katzen mit der Treue?

Im Großen und Ganzen verhält es sich bei den Katzen wie bei uns: Die einen sind mehr, die anderen weniger treu. In den meisten Fällen paaren sich die Katzendamen mit mehreren Katern, wenn sie während der Rolligkeit die Gelegenheit dazu haben. Es kommt daher gar nicht selten vor, dass die Geschwister eines Wurfs verschiedene

Väter haben (→ unten). Es gibt auf der anderen Seite aber auch Kätzinnen, die sich auf einen bestimmten Kater kaprizieren und ihrem Auserwählten dann über mehrere Jahre hinweg die Treue halten.

200. Umzug des Wurfs: Unsere Smilla hat im Flur Junge bekommen. Einige Tage später schleppte sie die Babys ins Wohnzimmer. Was hat sie zu diesem beschwerlichen Umzug veranlasst? ?

Ganz offensichtlich hat Ihre Smilla den Platz für die Kinderstube als nicht mehr sicher genug betrachtet und ihre Jungen lieber an einen Ort umgesiedelt, der ihr geeigneter erschien. Speziell in den ersten Tagen der Neugeborenen reagiert eine Katzenmutter sehr empfindlich auf Störungen von außen. Vielleicht wurde sie in der Diele von einem fremden Besucher erschreckt, oder das Läuten der Türglocke irritierte sie. Hektik und ständige Unruhe rund ums Wurflager mag die Kätzin überhaupt nicht. Ein Ortswechsel mit den Jungen ist allerdings nicht ungewöhnlich und kommt auch in der Natur vor. Für die Babys bedeutet das keinen Stress. Zum Transport packt die Kätzin ein Junges mit den Zähnen im Nackenfell. Das Kätzchen fällt in eine Tragstarre, legt Schwanz und Beine eng an den Körper und bleibt völlig reglos. Nachdem es abgelegt wurde, verhält es sich still, bis die Mutter alle seine Wurfgeschwister ins neue Nest verfrachtet hat.

201. Vaterschaft: Stimmt es, dass die Jungen eines Wurfs verschiedene Väter haben können? ?

Bei frei lebenden Katzen und solchen, die ihre Geschlechtspartner frei wählen können, sind mehrere Väter für die Kätzchen eines Wurfs nicht die Ausnahme, sondern fast die Regel. Anders als beim Menschen wird der Eisprung bei der Kätzin erst bei der (ersten) Kopulation ausgelöst. Danach bleibt die Katze dann

DAS RICHTIGE WURFLAGER

Wenn die Geburt der Katzenkinder nicht mehr lange auf sich warten lässt, sollten Sie der Mutterkatze ein passendes Wurflager anbieten. Hier fühlt sie sich sicher und geborgen:

STANDORT

Wählen Sie einen ruhigen, zugfreien Platz, zu dem die Kätzin ungehinderten Zugang hat. Das Wurflager sollte sich in der Nähe des Halters befinden, wenn die Katze eine enge Bindung zu ihrem Menschen hat. Da die Jungen schon bald außerhalb des Nests umhertapsen, erweist sich die Platzierung an einer Treppe oder neben der Balkontür als ungünstig.

GRÖSSE

Das Wurflager muss auf jeden Fall so groß sein, dass sich die Mutterkatze darin vollständig ausstrecken kann. Zugleich aber sollte sie die Möglichkeit haben, sich mit Beinen und Pfoten am Rand abzustützen, sobald die Presswehen einsetzen. Ein hochgezogener Rand verhindert auch, dass die Jungen zu früh aus dem Wurfnest klettern.

WURFHÖHLE

Katzen bevorzugen Höhlen, besonders solche, die sie auch als Geburtshöhlen benutzen können. Bieten Sie der Katze einen stabilen, oben offenen Karton an, bei dem eine Seitenwand zur Hälfte herausgeschnitten ist. Ein darübergelegtes Badetuch dient als »Höhlendecke« und kann weggenommen werden, wenn man im Inneren hantieren muss.

INNENAUSSTATTUNG

Zum Auspolstern der Wurfbox eignet sich ein flaches, nicht zu weiches Kissen oder ein mehrfach gefaltetes Handtuch. Unmittelbar vor Beginn der Geburt legt man mehrere Lagen Zeitungspapier darüber und darauf wiederum ein Handtuch, saugfähige Lappen oder einen alten Pullover. Nach der Geburt werden die durchfeuchteten Lagen entfernt.

für mindestens drei Tage auf dem Höhepunkt ihrer Hitze. Die meisten Kätzinnen paaren sich in diesem Zeitraum mit verschiedenen Katern. Folglich gelangt auch das Sperma mehrerer Geschlechtspartner zu den befruchtungsfähigen Eizellen. Welche der Samenzellen von welchem Kater bei den einzelnen Eizellen »das Rennen machen«, entscheidet schließlich der Zufall.

202. Werben des Katers: Mit welchen Mitteln wirbt ein Kater um die rollige Kätzin? ?

Geduld und Hartnäckigkeit sind das Wichtigste, was der an einer rolligen Kätzin interessierte Kater aufbringen muss. Die Vorbereitungen und das Vorspiel der Paarung sind bei Katzen eine ziemlich langwierige Angelegenheit. Der Kater bleibt während der ganzen Zeit in der Nähe der Kätzin und startet immer wieder Annäherungsversuche. Solange die Dame aber noch nicht wirklich zur Paarung bereit ist, wehrt sie ihn jedes Mal ungnädig fauchend und mit Tatzenhieben ab. Im Freiland versammeln sich meist mehrere Kater um die Kätzin. Da probiert jeder einmal sein Glück und ist zwischendurch auch noch damit beschäftigt, die Rivalen möglichst zu verscheuchen. Endlich ist die Katze in Paarungsstimmung und entscheidet sich für einen ihrer Freier. Sie lässt ihn jetzt herankommen, ohne sich allzu kratzbürstig zu geben. Mit einem merkwürdig klingenden, fast zärtlichen Zirpen versucht der Liebhaber die Kätzin zu besänftigen. Ein paar Minuten später lässt sie es dann zu, dass er aufsteigt und den Paarungsakt vollzieht.

203. Wurfgröße: Wie viele Junge kann eine Katze bei einem Wurf bekommen? ?

In der Regel liegen drei oder vier Kätzchen im Nest, manchmal auch fünf oder sechs. In Ausnahmefällen können es mehr sein, selten sogar bis zu zehn Junge.

Dann gibt es allerdings Probleme, da die Mutter nur sechs Zitzen hat. Bei mehr als sechs Katzenkindern müssen die übrigen meist mit dem Fläschchen aufgezogen werden, was ein ausgesprochen mühsames und aufwendiges Unterfangen ist (→ Info, unten). Ältere Katzenmütter und solche, die zu mager oder auch sonst körperlich nicht fit sind, bringen oft nur ein oder zwei Junge zur Welt.

204. Zitzen: Neulich las ich das merkwürdig klingende Wort »Zitzenkonstanz«. Was soll dieser Begriff ausdrücken? ?

Als »Zitzenkonstanz« bezeichnet man das Verhalten der neugeborenen Kätzchen eines Wurfs, von denen jedes eine ganz bestimmte Zitze an Mutters Bauch »besetzt« und zum Säugen immer wieder ansteuert. Die Vergabe der Zitzenplätze erfolgt bereits in den ersten Stunden nach der Geburt. Das heißt aber nicht, dass die Kleinen nicht ab und zu versuchen, auch an anderen Zitzen zu naschen – was die »rechtmäßigen Inhaber« dieser Zitzen mit aller Entschiedenheit zu verhindern versuchen. Geschwisterrivalität gibt es auch bei Katzenkindern. Die stärksten Jungen erobern übrigens meist die hinteren und ergiebigeren Zitzen.

INFO

Fulltimejob: Kätzchen von Hand aufziehen
Verwaiste Katzenjunge von Hand aufzuziehen, erfordert viel Zeit und Fingerspitzengefühl. In den ersten Tagen muss das Baby alle zwei Stunden mit Aufzuchtmilch (keine Kuhmilch!) versorgt werden. Als Ersatzmutter müssen Sie sich auch ums »Geschäft« kümmern und Bauch und After des Winzlings sanft massieren, damit er sich überhaupt entleeren kann. Und nicht zuletzt braucht das anfangs völlig unselbstständige Kätzchen Wärme und Geborgenheit, also regelmäßigen Körperkontakt.

Spielen und lernen

Katzen sind intelligent, aber auch bei ihnen ist noch kein Meister vom Himmel gefallen. Lesen Sie, wie Kätzchen ihre Fähigkeiten im Spiel trainieren, warum erwachsene Katzen noch gern spielen und wie man Katzen erziehen kann.

205. Akzeptieren anderer Heimtiere: Meine Tochter will einen Goldhamster. Kann unsere Katze lernen, friedlich mit ihm umzugehen?

?

Katze und Hund kommen oft gut miteinander aus. Für Kaninchen, Meerschweinchen und andere Kleintiere gestaltet sich das Zusammenleben mit einer Katze meist auch recht unproblematisch, falls man noch keine schlechten Erfahrungen miteinander gemacht hat. Anders sieht es bei kleinen Nagern wie Mäusen oder Hamstern aus, die ins Beuteschema der Katze passen. Frei laufen lassen sollten Sie Ihren Goldhamster in Gegenwart der Katze auf keinen Fall. Alles was klein ist und sich bewegt, weckt den Jagdtrieb selbst in einem sanften Sofatiger. Auch wenn die Katze den Hamster in Ihrem Beisein in Ruhe lässt, wird sie nur auf einen unbewachten Moment warten.

206. Belohnen: Soll ich meine Katze grundsätzlich mit Leckerlis belohnen?

?

Auch wenn das Lieblingsleckerli für nachhaltigen Motivationsschub sorgt, empfindet Ihre Mieze auch ein dickes Lob, sanfte Streicheleinheiten oder ein gemeinsames Spiel als tolle Belohnungen, von denen sie nicht genug bekommen kann. Futterbelohnungen können die schlanke Linie in Gefahr bringen, besonders wenn bei intensivem Training viele Häppchen nötig sind. An solchen Tagen sollten Sie die normale Futterration im Fressnapf entsprechend kürzen.

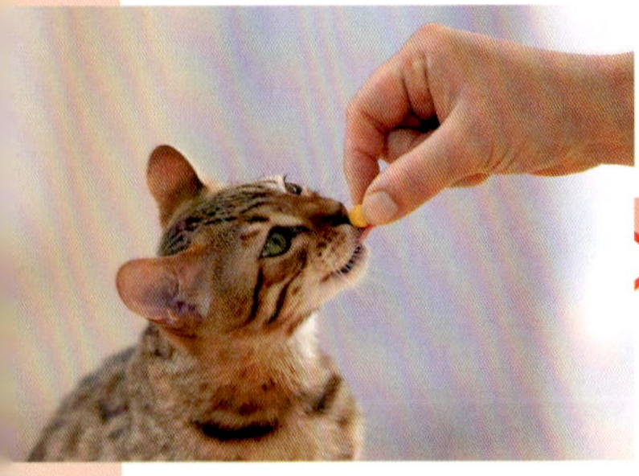

> *Auch wenn ein feines Leckerli sehr begehrt ist, muss eine Belohnung nicht immer aus etwas Fressbarem bestehen.*

207. Bestrafen – anonym: Was bedeutet anonyme Bestrafung, und wie setze ich sie sinnvoll ein?

Wenn die Katze anonym bestraft wird, bringt sie diese unangenehme Erfahrung nicht mit dem Urheber in Verbindung. Der entscheidende Vorteil: Sie wird den Ort ihres Fehlverhaltens künftig meiden, ihr Verhältnis zu Ihnen bleibt aber ungetrübt. Typisches Beispiel: Ihre Katze klettert ständig am Vorhang hoch. Hängen Sie den normalerweise mit Schlaufen oder Ringen an der Stange befestigten Vorhang für die Strafaktion lose über die Stange. Beim nächsten Kletterversuch sorgt das Gewicht der Übeltäterin dafür, dass die ganze Gardine herunterfällt und die Katze unter sich begräbt. Ein wirksamer Schreck – und Sie waschen Ihre Hände in Unschuld.

208. Beutemachen lernen: Gibt die Katzenmutter ihren Kindern Unterricht im Beutemachen, oder lernen die Kleinen das von allein?

Der »Unterricht« der Katzenmutter besteht vor allem darin, ihrem Nachwuchs anhand der zum Nest gebrachten Beute zu zeigen, was Katzen alles jagen. Für die Jungen sind die anfangs toten, später lebenden Beutetiere das ideale Übungsmaterial. Viel schauen sich die Kleinen von ihrer jagderfahrenen Mutter ab. Doch wie ein Handwerker, der seine Fertigkeiten nicht nur durch Zusehen, sondern durch ständiges Üben erwirbt und verbessert, machen auch die Kätzchen ihre Erfahrungen im Umgang mit der Beute selbst. Durch Versuch und Irrtum lernen sie, wie fest man Beutetiere packt, damit sie sich nicht losreißen, sie lernen die verschiedenen Fluchtreaktionen kennen (Mäuse verschwinden in Deckung, Vögel fliegen auf) und schließlich auch, wie man den Tötungsbiss setzt (→ Seite 63). Es dauert seine Zeit, bis alles einigermaßen klappt, aber Mama lässt nicht locker und schleppt immer wieder Anschauungsmaterial herbei.

209. **Denkweisen der Katze: Denken Katzen ähnlich wie wir, oder »ticken« sie anders?**

Die Katze denkt in vieler Hinsicht anders als der Mensch. Vor allem kann sie Erfahrungen nicht ohne Weiteres auf eine andere Situation oder Umgebung übertragen. Beispiel: Sie haben Ihren Kater mehrmals vom Küchentisch gescheucht und dabei mit ihm geschimpft. Er weiß jetzt, dass der Küchentisch tabu ist, würde aber nie auf die Idee kommen, dass dieses Verbot für alle Tische gilt. Also macht er sich nach wie vor auf dem Tisch im Wohnzimmer breit. Die Logik der Katze verknüpft die Aktion anders: »Solange mein Mensch in der Küche ist, darf ich nicht auf den Tisch. Also warte ich, bis er hinausgeht.« So vermeiden Katzen auch untereinander Konflikte, etwa bei der zeitversetzten Nutzung von Revierwegen.

210. **Dressieren: Unsere Tochter will ihrer Katze kleine Tricks beibringen. Kann das klappen?**

Katzen lernen durchaus, auf Signalworte oder Gesten mit bestimmten Aktionen zu reagieren. Ob sie dazu bereit sind, hängt jedoch von ihrer momentanen Lust und Laune ab. Da liegt auch der Unterschied zum

INFO

Jede hat ihren eigenen Charakter

Im Charakter und damit auch in ihrem Verhalten erweisen sich Katzen als ausgeprägte Individuen. Vieles hängt dabei vom ganz persönlichen Lebensweg der Katze ab, von ihrem unmittelbaren Umfeld und den Erfahrungen, die sie gemacht hat. Aber selbst die Geschwister eines Wurfs, die unter identischen Bedingungen aufwachsen, zeigen oft schon nach wenigen Wochen sehr unterschiedliche Charakterzüge, die auch ihr Erwachsenenleben mitbestimmen.

Hund, der den Kommandos seines Herrn gehorcht, und sei es mit hängendem Kopf. Wenn Ihre Katze die »Zirkusspiele« Ihrer Tochter tatsächlich als Spiel ansieht und mitmacht, können dabei verblüffende und bühnenreife Leistungen herauskommen. Beim regelmäßigen Üben stellen Lob und Belohnung (→ Seite 190) die beste Motivation dar. Besonders erfolgreich kann man Katzen mit dem Clickertraining (→ Seite 209) Tricks beibringen. Völlig ungeeignet sind Strenge und Strafen. Da würde die Katze garantiert sofort jede Mitarbeit in der Trickschule einstellen.

211. Erinnerung an schlechte Erfahrungen: Wie tief sitzen bei Katzen schlimme Erlebnisse?

Allgemein gilt: Je schlimmer die Erfahrungen, desto nachhaltiger und länger bleiben sie bestehen (→ Erinnerungsvermögen, unten). Wie lange sich eine Katze aber tatsächlich an böse Vorfälle erinnert, hängt sehr von ihrer Persönlichkeit und ihrem Lebensumfeld ab. So viel jedoch ist klar: Besonders fest graben sich schlechte Erfahrungen in der Kinder- und Jugendzeit ins Gedächtnis. Ein Kätzchen, das in seiner Prägungsphase (→ Seite 214) von einzelnen Personen wiederholt in Angst und Schrecken versetzt wurde, verliert die Scheu vor Menschen auch als erwachsene Katze nur schwer oder gar nicht mehr.

212. Erinnerungsvermögen: Kann sich die Katze ein einmaliges Erlebnis merken, oder geht das nur, wenn es mehrmals wiederholt wird?

Erlebnisse, die mit starken Gefühlen verbunden sind, prägen sich besonders ein. Das gilt für die Katze wie für den Menschen. Bei Schmerz, Angst oder heftigem Erschrecken reicht oft ein einziges Ereignis aus, um die Katze später in ähnlichen Situationen in Panik zu versetzen. Wird eine Katze erstmals in die Transport-

Eine Katze, die gut an ihre Transportbox gewöhnt wurde, bleibt vor jeder Reise friedlich und gelassen.

box gesperrt (ruft ihren Unwillen hervor), ins Auto verfrachtet (verunsichert sie) und dem Tierarzt vorgestellt (sorgt für große Angst), reicht künftig schon der Anblick der Box, um sie Reißaus nehmen zu lassen. Angenehme Erfahrungen sind nicht mit so extremen Gefühlen gekoppelt. Wenn Sie Ihre Katze beim Namen rufen und sie streicheln, braucht es sicher mehrere Wiederholungen, bis sie in freudiger Erwartung zu Ihnen kommt, sobald sie ihren Namen hört.

213. Erziehungsmethoden der Katzenmutter: Wie bringt eine Katzenmutter ihren Kleinen alles bei, was sie wissen müssen?

Anfangs geht es für die Mutter vor allem darum, ihren vorwitzigen Nachwuchs unter Kontrolle zu halten. Sie hat ein wachsames Auge auf die Jungen, wenn sie das Wurflager zu ersten Erkundungsausflügen verlassen, und weist sie mit Stupsern, bei Bedarf auch mit kräftigen Ohrfeigen in die Schranken, wenn sie sich zu weit vom Nest entfernen. Etwa ab der 4. Woche nehmen die Kleinen die erste feste Nahrung an. Jetzt beginnt die Katzenmutter mit dem eigentlichen Unterricht. Sie schleppt tote Mäuse ins Nest und lässt die Jungen mit ihnen spielen, auch wenn die zuerst nicht wissen, was sie damit anfangen sollen. Doch sie beobachten, wie ihre Mutter die Maus zerbeißt – und versuchen es dann auch. Zwei Wochen später folgt die nächste Lektion, jetzt mit lebender Beute. Weil die Jungkatzen den Tötungsbiss noch nicht beherrschen, versuchen die Beutetiere immer wieder zu fliehen und müssen von der Mutter zurückgeholt werden, die sie schließlich auch tötet. Es kann noch Wochen dauern, bis die Kätzchen den Tötungsbiss mehr oder minder wirkungsvoll zuwege bringen. Die Katzenmutter erzieht den Nachwuchs aber auch in sozialem Verhalten und in »Umweltkunde«. Sobald die Jungen kräftig und geschickt genug sind, startet sie mit ihnen zu Ausflügen ins Revier, die Mutter mit lockendem Gurren voraus, ihre Kinder hinterher. Nach und nach erkunden die Jungen so die neue Welt. Taucht Gefahr auf, etwa ein fremder Hund, flitzt die Rasselbande auf Mamas Warnruf zu ihr zurück. So lernen die Kinder schnell, was für sie harmlos und was gefährlich ist.

214. Gewöhnen an die Transportbox: Wie mache ich meinen Hannibal möglichst stressfrei mit der Transportbox vertraut? ?

Gewöhnung braucht Zeit und viele Wiederholungen. Bei der Transportbox heißt das: in kleinen Schritten vorgehen und viel Geduld aufbringen.

➤ Legen Sie ein getragenes Kleidungsstück (T-Shirt oder Pullover) und einige Leckerlis in die offene Box – und warten Sie ab. Meist siegt die kätzische Neugier. Hannibal wird das fremde Objekt besichtigen und dann bald auch schon einmal Probe liegen.

➤ Hat er die Box akzeptiert, üben Sie mit ihm die nötigen Handgriffe: Tür schließen, Box hochheben, tragen und ins Auto verfrachten. Alles ganz bedächtig, mit vielen Wiederholungen und Lob und Leckerlis.

➤ Haben Sie Hannibal so weit, dass er freiwillig in die Box geht und sie nach dem Transport genauso ruhig und gelassen wieder verlässt, steht auch einer Fahrt zum Tierarzt nichts mehr im Weg. Machen Sie aber bitte nicht den Fehler, die Transportbox ausschließlich für Fahrten zum Tierarzt zu benutzen. Das würde Hannibal schnell mit der Box in Verbindung bringen – und einen großen Bogen um sie machen.

215. Gewöhnen an Fellpflege: Beim Fellbürsten soll mein Kater stillhalten. Wie schaffe ich das?

Wichtig ist, dass Ihre Katze keine unangenehmen Erfahrungen mit der Fellpflege macht. Das heißt: nicht schimpfen und nicht gegen ihren Willen festhalten! Motivieren Sie den Kater mit Belohnungen (Spiele, Lob, Streicheln, Leckerlis) zum »Mitspielen« und gehen Sie schrittweise vor: Am ersten Tag nur drei Striche mit der Bürste, belohnen und Ende. Am nächsten fünf Striche und nach der Belohnung noch einmal fünf. Reagiert Ihr Kater doch einmal unwirsch, gehen Sie einen Schritt zurück oder bleiben eine Woche lang bei den fünf Bürstenstrichen. Wählen Sie für die Pflegeübung eine feste Tageszeit und halten Sie den Termin möglichst immer ein. Dann wird die Fellpflege für Ihre Katze zur Routine, und bald wird sie sich auf die gemeinsame Zeit freuen.

216. Gewöhnen an fremde Menschen: Sobald Gäste kommen, verschwindet Pia unterm Schrank. Wie nehmen wir ihr die Scheu?

Vielleicht hat Ihre Pia schlechte Erfahrungen mit sehr lauten Gästen gemacht. Möglicherweise hat auch jemand nach Hund gerochen. Es gibt allerdings auch überängstliche Katzen, die bei jedem unvorhergesehenen Ereignis fast in Panik geraten und schon die Flucht ergreifen, wenn jemand an der Tür klingelt. Mit Geduld und Fingerspitzengefühl bringen Sie Pia dazu, der Gefahr ins Auge zu sehen. Setzen Sie Ihre Katze in die vertraute Transportbox und stellen die Box in eine Ecke des Zimmers, in dem Sie Ihre Gäste empfangen. Bitten Sie den Besuch, die Katze nicht zur Kenntnis zu nehmen. Nach etlichen Wiederholungen darf ein Gast dann kurz zur Box gehen und sich von Pia beschnuppern lassen. Im nächsten Schritt können Sie die Katze vielleicht schon auf dem Arm halten, während Ihr Besuch sie streichelt. Schließlich leistet

DER RICHTIGE NAME FÜR MEINE KATZE

Ein Kätzchen ist ins Haus gekommen und braucht einen Namen. Er soll zum Wesen und Äußeren der Katze passen, und natürlich spielen Ihre persönlichen Vorlieben eine Rolle. Doch Sie sollten auch einige praktische Überlegungen anstellen.

WORTLÄNGE UND KLANG	EIGNUNG UND PRAXISTIPPS
Freundlicher Klang	Erfahrungsgemäß eignen sich zweisilbige Namen mit weichem Klang am besten, um sie so freundlich und lockend auszusprechen, dass die Katze damit etwas Positives verbindet. Zum Beispiel Jenny, Daisy, Mia, Mogli, Charly und viele andere.
Helle Töne	Oft wird behauptet, Katzen würden am leichtesten auf Namen mit »i« hören. Zweifellos nehmen sie diesen hellen Laut besonders gut wahr, aber sie lernen ihren Namen ebenso, wenn er Brutus oder Satan lautet. Bleibt höchstens die Frage, ob Sie solche Namen zärtlich lockend aussprechen können.
Zwei- oder mehrsilbige Namen	Zwei- oder mehrsilbige Namen heben sich deutlich von knappen und meist hart klingenden Kommandorufen ab. Namen wie Tom oder Klaus hören sich ähnlich an wie »Komm!« oder »Raus!« und könnten schnell zu Verwirrungen bei den samtpfotigen Hausgenossen führen.
Kosenamen	Wählen Sie einen Namen für die Katze aus und behalten Sie ihn dann bei. Ständig wechselnde Kosenamen, selbst wenn sie noch so gut und liebevoll gemeint sind, verunsichern die Katze nur.

ein Leckerli aus der Hand eines Gastes letzte Überzeugungsarbeit. Starten Sie aber alle Versuche nur, wenn Pia ohne Angst mitmacht.

217. Gewöhnen an laute Geräusche: Meine Sissi hat Angst vor dem Staubsauger und flüchtet immer gleich in den Keller. Was soll ich tun?

Für die Katze ist der Staubsauger ein brüllendes und Furcht einflößendes Monster. So zeigen Sie Sissi, dass er harmlos ist: Lassen Sie ihn bei geschlossener Tür im Nebenzimmer laufen. Nimmt Sissi das angstfrei hin, versuchen Sie es bei offener Tür, später dann im selben Zimmer mit der Katze. Stellen Sie sich dabei zwischen Staubsauger und Katze und saugen Sie zuerst in der anderen Ecke. Die Gewöhnung an solche lauten Geräusche verlangt Zeit und Geduld.

218. Gewöhnen an neues Zuhause: Wir ziehen demnächst um. Wie mache ich unsere Katze mit ihrem neuen Zuhause vertraut?

Der Revierverlust ist für eine Katze so etwas wie der Super-GAU. Am besten lässt sich das verkraften, wenn der vertraute Mensch in der Nähe ist. Nehmen Sie sich daher auch in der Hektik des Umzugs Zeit, um mit ihr zu schmusen. So hält sich der Stress für die Katze in Grenzen:

EXTRATIPP

Nie mit dem Namen schimpfen!
Benutzen Sie bitte nicht den Namen Ihrer Katze, wenn Sie einmal mit ihr schimpfen. Den sollte Ihr Stubentiger nämlich nie mit etwas Unangenehmem verbinden, vor allem nicht, solange er noch nicht hundertprozentig auf seinen Namen hört. Sonst hat der Namensruf gegenteilige Wirkung, und Ihre Katze verdrückt sich, sobald sie ihren Namen hört.

➤ Räumen Sie das »Katzenzimmer« in der alten Wohnung als letztes aus und in der neuen als erstes ein. Mieze hat hier ihre vertrauten Utensilien, wie Kratzbaum, Schlafkorb und Toilette.
➤ Verteilen Sie einige getragene Kleidungsstücke in der neuen Wohnung. Die Kuschelunterlagen vermitteln der Katze Sicherheit.
➤ Im neuen Domizil bleibt Ihre Katze zunächst in einem Raum. Erst wenn die Möbel in der Wohnung stehen, darf sie die übrigen Zimmer erkunden.
➤ Behalten Sie Miezes Tagesrhythmus möglichst bei.
➤ Bei sehr ängstlichen Katzen kann ein Pheromonspray (→ Info, Seite 201) beruhigend wirken.

219. Gewohnheiten beibehalten: Warum ist für Katzen der immer gleiche Tagesablauf wichtig? ?

Wenn alles in ihrer Umgebung den gewohnten Gang läuft, gibt das der Katze ein Gefühl der Sicherheit. Das gilt für die Verhältnisse in ihrem Revier wie für den Tagesrhythmus und die Aktivitäten der Menschen und Artgenossen, mit denen die Katze zusammenlebt. Selbst nicht sonderlich beliebte Aktionen wie die Fellpflege werden leichter ertragen, wenn sie nach festem Programm und täglich zur gleichen Zeit stattfinden.

220. Intelligentes Verhalten: Welche Bedeutung hat Intelligenz bei Katzen? ?

Gradmesser der Intelligenz ist die Anpassungs- und Lernfähigkeit. Angeborene Verhaltensmuster laufen in der Regel gleichförmig und unveränderlich ab, durch Lernen hingegen kann Verhalten neuen Situationen angepasst werden. Die Katze greift auf ihre Erfahrung in einer konkreten Situation zurück und variiert ihre Reaktion so, dass sie Misserfolge künftig vermeidet und Erfolge möglichst noch verbessert. Intelligente Katzen begreifen Zusammenhänge sehr schnell – auch

Verbote, die sie dann auf allerlei Wegen zu umgehen versuchen, um doch noch ans erwünschte Ziel zu kommen. Schlaue Katzen stellen für ihren Halter oft eine echte Herausforderung dar.

221. Intelligenz – Einflüsse: Gibt es auch unter Katzen kluge und dumme Tiere? ?

Sofern man Klugheit und Dummheit nicht mit menschlichen Maßstäben misst, sondern Lernfähigkeit und die Aufgeschlossenheit Neuem gegenüber darin sieht, gibt es unter Katzen zweifellos klügere und weniger kluge Exemplare. Wie beim Menschen sind auch bei der Katze genetische Einflüsse auf die Intelligenz nicht auszuschließen, nachweisen konnte man sie bisher nicht. Man weiß jedoch, dass neben der körperlichen Entwicklung auch das Lernverhalten der Jungen verzögert wird, wenn die Katzenmutter in der Schwangerschaft mangelernährt ist. Eine große Rolle spielen auch Erfahrungen in der Prägungsphase der Kätzchen (→ Seite 214): Wachsen sie in reizarmer Umgebung auf, reagieren sie später auf neue Situationen oft ängstlich und lernen nur langsam. Umgekehrt fördert ein abwechslungsreiches Umfeld Neugier und Erkundungsdrang und macht fit im Kopf.

222. »Intelligenzspielzeug«: Mein Kater Mikesch hat ein raffiniertes Lernspielzeug. Ist die Beschäftigung mit solchen Spielsachen sinnvoll? ?

Auch bei Katzen will nicht nur der Körper, sondern auch der Geist fit gehalten werden. Die Funktionsweise eines neuen Spielzeugs zu erkunden, ist bestes Hirnjogging für Mikesch. Speziell für Indoor-Katzen, die nicht von den wechselnden Bedingungen in ihrem Revier gefordert werden, sind Geschicklichkeits- und Lernspiele eine wichtige Bereicherung ihres Alltags. Manche entwickeln sich dabei zu wahren Tüftlern, die selber die Geheimnisse komplizierter Spielzeuge erforschen, andere begeistern sich nur für Denksport mit ihrem Menschen. Teures Fertigspielzeug ist dazu nicht immer nötig, auch selbst gebastelte Fummelkartons (→ Seite 223) verlangen oft viel Kopfarbeit.

223. Intelligenztest: Wie kann ich herausfinden, wie schlau meine Katze ist?

?

Machen Sie mit Ihrem Sofatiger täglich Denksport, steigern Sie den Schwierigkeitsgrad der Aufgaben und beobachten Sie, wie schnell die Katze sie löst. Aufgabe Nr. 1: Legen Sie ein Leckerli vor ihren Augen in einen leeren Joghurtbecher, der zu schmal für den Katzenkopf ist. Das Leckerli erwischt sie nur, wenn sie den Becher umwirft und es mit der Pfote herausangelt. Aufgabe Nr. 2 verlangt mehr Köpfchen: Unter einen von drei umgestülpten Joghurtbechern kommt ein Leckerli – ebenfalls im Beisein der Katze. Wie schnell findet sie den Becher und wirft ihn um, um sich die Belohnung zu holen? Aufgabe Nr. 3: Stellen Sie einen Becher mit Leckerlis in einen Karton, den Sie dann mit zerknülltem Zeitungspapier füllen. Schafft es Ihre Katze, sich durch den Papierwust zu wühlen, um an Becher und Leckerbissen zu gelangen?

INFO

Wohlfühlduft aus der Spraydose

Katzen markieren Bereiche, in denen sie sich wohl und sicher fühlen, indem sie Kopf und Flanken an Gegenständen reiben und so ein Drüsensekret verteilen (→ Seite 16). Heute werden synthetische Substanzen, die dem Sekret ähneln, als sogenannte Wohlfühl-Pheromone angeboten. Diese künstlichen Pheromone gibt es als Spray oder Verdampfer für die Steckdose bei Ihrem Tierarzt oder übers Internet. Die menschliche Nase kann den Duft übrigens nicht wahrnehmen.

224. Kampfspiele halbwüchsiger Katzen: Können sich junge Katzen bei ihren wilden Spielen ernsthaft verletzen?

Es geht meist grob zu, wenn sich »halbstarke« Katzen balgen. Manchmal gibt es kleine Kratzer, so gut wie nie aber ernste Blessuren. Dass alles Spiel bleibt, liegt vor allem an der angeborenen Beißhemmung junger Katzen im Umgang miteinander. Und gegen die spitzen Krallen der Kumpels bietet das Fell meist genug Schutz. Beißt ein Rabauke doch einmal zu heftig zu, quiekt sein Kontrahent empört auf. Der Protest zeigt Wirkung, und der Wüstling lässt sofort los.

225. Kampftechniken junger Katzen: Müssen Katzen ihre Kampftechniken erst erlernen?

Die Elemente des Kämpfens und die vorausgehenden Drohgebärden sind Katzen angeboren. Um sie jedoch richtig und wirkungsvoll einzusetzen, braucht es viel Training und Erfahrung. Das Training beginnt schon im Alter von wenigen Wochen mit zaghaftem Tapsen nach den Wurfgeschwistern und endet in den wilden Balgereien der »Halbstarken« (→ oben). Dabei lernen die Kätzchen, sich selbst geschickt in Szene zu setzen, aber auch, die Reaktionen der Gegner richtig einzuschätzen. Wenn es später aber zum ersten Mal ernst wird, etwa beim Versuch, ein eigenes Revier oder eine Katzendame zu erobern, beziehen die Frischlinge meist noch Prügel von kampferprobten Artgenossen.

226. Katzenkinder – allein aufwachsend: Entwickeln Katzen Verhaltensdefizite, wenn sie ihre Kindheit ohne Geschwister verbringen?

Im Umgang miteinander lernen Katzenkinder, sich richtig zu verständigen, gegenüber Konkurrenten durchzusetzen und Freundschaften zu schließen. In den Kampfspielen mit den Wurfgeschwistern erproben sie die wirksamsten Techniken (→ linke Seite) ebenso wie Droh- und Unterwerfungsgesten, ohne dass sie dabei körperlich zu Schaden kommen. Zwar vermittelt auch die Katzenmutter ihrem Nachwuchs viel an sozialem Know-how, die täglichen »Übungsstunden« mit den Geschwistern kann sie aber nicht ersetzen. Wie wichtig die Nähe der Geschwister ist, erkennt man an Katzenkindern, die allein aufwachsen. Sie verhalten sich im Umgang mit ihren Artgenossen vorsichtig oder sogar ängstlich – nicht selten ein Leben lang.

Spielen mit Geschwistern macht Spaß. Die Kätzchen lernen dabei auch, wie man richtig mit den Artgenossen umgeht.

227. Katzenkinder – Körperbeherrschung: Sind der Katze Fähigkeiten wie Anschleichen und Beutefang angeboren?

Angeboren ist Katzen die Reaktion auf sogenannte Schlüsselreize, die bestimmte Verhaltensweisen erst auslösen. Ein Schlüsselreiz sind zum Beispiel kleine, sich bewegende Objekte, die den Jagdtrieb auslösen. Angeboren sind auch einzelne Bewegungselemente wie Schleichen oder Anspringen. Wie man sie perfekt und vor allem im sinnvollen Zusammenhang ausführt, müssen Katzen aber erst lernen. Damit fangen schon die jüngsten Kätzchen an, kaum dass sie auf eigenen Beinen stehen können. Als Trainingspartner dienen die Wurfgeschwister, und für Übungsobjekte sorgt Mama, die unermüdlich Mäuse herbeischleppt.

228. **Katzenkinder – selbstständig werden: Wann sind Kätzchen alt genug, um auf eigenen Füßen zu stehen?**

?

Auch wenn sich junge Katzen mit acht Wochen allein von fester Nahrung ernähren können, müssen sie noch mindestens vier bis sechs Wochen von ihrer Mutter auf ein eigenständiges Katzenleben vorbereitet werden. Um als Familienkatze in ein neues Zuhause umzusiedeln, sollte ein Kätzchen also zwölf Wochen, besser aber 16 Wochen alt sein.

229. **Katzenklappe – Benutzung lernen: Unser Billy kapiert nicht, wie er die Katzenklappe benutzen muss. Wie bringt man ihm das bei?**

?

Lassen Sie die Klappe zunächst ständig offen. Das klappt mit einem Keil oder Klebeband. Locken Sie Billy von der anderen Seite mit Leckerbissen und freundlichen Zurufen hindurch. Springt er ohne zu zögern in beiden Richtungen durch die Öffnung, schließen Sie die Klappe jeden Tag etwas mehr, bis sie höchstens noch 10 cm offen steht. Jetzt muss Billy mit dem Kopf schon dagegendrücken, um sich hindurchzwängen zu können. Am Folgetag gibt es nur noch einen Schlitz von ca. 5 cm, und schließlich ist die Katzenklappe ganz geschlossen. Bei einer

EXTRATIPP

Kätzchen früh an Menschen gewöhnen
Wenn Katzen sehr früh enge Kontakte zum Menschen haben, reagieren sie als erwachsene Katzen ohne Scheu auf Menschen. Hat die junge Katze in der Prägungsphase Umgang mit verschiedenen Personen, ist sie später allen Menschen gegenüber aufgeschlossen. Bei nur einer Bezugsperson hingegen reagiert sie auf fremde Menschen zurückhaltend.

magnetischen oder elektronisch arbeitenden Katzenklappe müssen Sie vorher die Sperrvorrichtung ausschalten oder mit Klebeband umwickeln, damit der Widerstand nicht zu groß ist. Erst nachdem Billy die geschlossene Klappe mehrmals geöffnet hat und hindurchgeschlüpft ist, können Sie den Verriegelungsmechanismus wieder aktivieren. Billy wird sich dann auch von dem leichten Widerstand nicht mehr irritieren lassen.

230. Katzenmutter als Vorbild: Nimmt die junge Katze alle Eigenarten ihrer Mutter an? ?

Kätzchen beobachten ihre Mutter genau und lernen viel von ihr. Dazu zählen zum Beispiel die Vorliebe für bestimmte Beutetiere und die Benutzung bestimmter Wege im Revier. Doch auch die eigenen Kindheitserfahrungen prägen die jungen Katzen stark. So können sich die Jungen einer menschenscheuen Mutter durchaus zu Katzen entwickeln, die dem Menschen selbstbewusst und offen begegnen. Verantwortlich dafür ist der enge und positive Kontakt mit Menschen während der Sozialisierungs- und Prägungsphase (→ Seite 214).

231. Langeweile: Kennen Katzen Langeweile? ?

Der Tageskalender wild lebender Katzen ist randvoll: mindestens zehn Mäuse fangen, um einigermaßen satt zu werden, das Revier kontrollieren und bei Bedarf verteidigen, soziale Kontakte pflegen, eventuell einen Sexualpartner erobern, Nachwuchs großziehen und vieles mehr. Ganz anders sieht das bei Hauskatzen und speziell bei reinen Wohnungstigern aus. Den Fressnapf leeren, ein bisschen Fellpflege und viel Schlaf – mehr gibt es oft nicht zu tun, vor allem dann nicht, wenn der Besitzer tagsüber im Büro ist. Nur zu schnell macht sich Langeweile breit, was je nach

Charakter und Temperament unterschiedliche Folgen hat. Die einen beschäftigen sich selbst – was nicht immer den Vorstellungen ihrer Besitzer entspricht (→ Seite 250), die anderen werden träge und lustlos. Der Langeweile vorbeugen können Sie durch ausgiebige und regelmäßige gemeinsame Spielstunden mit Ihrer Katze oder – und weitaus effektiver – mit einer zweiten Katze, die für frischen Wind im Haus sorgt.

232. Leinenführigkeit: Kann ich meinen Kater zum Spaziergang an der Leine erziehen?

Die Katze an der Leine ist kein Idealfall. Aber wenn freier Auslauf zu gefährlich ist, bleibt der Spaziergang an der Leine oft die einzige Alternative, um für Bewegung und Abwechslung zu sorgen. Eine erwachsene Katze zum braven Mitlaufen an der Leine zu erziehen, dürfte jedoch ein meist vergebliches Unterfangen sein. Besser geht es mit einem jungen Tier, das schon eine feste Bindung zu Ihnen entwickelt hat. Am Anfang wird die Katze ans Brustgeschirr gewöhnt – in kleinen Schritten, mit Geduld und viel Zuspruch. Ein Halsband ist ungeeignet, weil die Katze sich strangulieren oder herausschlüpfen kann. Erst nach dem Brustgeschirr kommt die Leine ins Spiel. Zerren Sie nie an ihr, sondern warten Sie, bis Mieze Ihnen freiwillig folgt. Längere Ausflüge sind sowieso kaum machbar, die Runde um den Block ist eine gute Leistung.

233. Lernbereitschaft: Zu welchen Zeiten lernt eine Katze am leichtesten?

Zum erfolgreichen Lernen gehört immer auch eine gute Motivation. Das ist bei Katzen nicht anders als bei uns selbst. Wenn Sie Ihrer Katze das Männchenmachen beibringen wollen, müssen Sie die passende Zeit für die Übungsstunden finden. Mieze dazu aus dem Schlaf zu reißen oder das Training zur Fütterungszeit anzusetzen, stößt auf wenig Gegenliebe und noch weniger Kooperationsbereitschaft. Das gilt zum Beispiel auch, wenn die Katze gerade zur abendlichen Patrouille durchs Revier aufbrechen will. Immer dann, wenn ihr der Sinn nach anderen Aktivitäten steht, können Sie sich das Üben sparen. Wählen Sie einen Zeitpunkt, an dem Ihre Katze wach und aufmerksam ist, am besten ihre gewohnte Spielstunde. Selbstverständlich können kleine Leckerbissen die Lernbereitschaft deutlich steigern. Für den Lieblingssnack engagiert sich eine clevere Katze stärker als für ein paar normale Trockenfutter-Häppchen. Anders als bei Hunden ist Hunger bei Katzen aber nicht der beste Lehrmeister. Die hungrige Katze ist so sehr aufs Futter fixiert, dass sie sich kaum mehr auf den Unterricht konzentrieren kann.

234. Lernen – erste Erfahrungen: Welche frühkindlichen Erfahrungen prägen das Leben der Katze besonders stark? ?

In den ersten Lebenswochen lernt das Katzenkind, wie seine Mutter, seine Geschwister und andere Artgenossen riechen, aussehen und sich verhalten. Diese frühen Eindrücke verfestigen sich und begleiten die Katze ein Leben lang. Ähnliches gilt für enge Kontakte mit Menschen und Tieren. Für das Kätzchen sind Zweibeiner oder auch ein Hund fortan ganz normale Bestandteile seines Lebens. Es hat als erwachsene Katze keine Berührungsängste vor Menschen

Wer als Katzenbaby Kontakt zu Menschen hat, wird sich auch später vor den großen Zweibeinern nicht fürchten.

oder Hunden. In früher Kindheit lernt die Katze unter anderem, was essbar ist, dass man zu fauchenden Artgenossen am besten auf Distanz geht oder dass der Staubsauger zwar fürchterlichen Lärm verursacht, aber eigentlich ungefährlich ist.

235. Lernen im Alter: »Was Hänschen nicht lernt, lernt Hans nimmermehr.« Gilt diese Aussage auch für Katzen?

Genau wie wir Menschen sind Katzen in jedem Lebensabschnitt lernfähig, auch im Alter. Nur dauert es bei den Senioren meist ein bisschen länger, bis sie die Zusammenhänge und eine neue Lektion begriffen haben. Wenn Sie eine erwachsene oder bereits alte Katze bei sich aufnehmen, müssen Sie sich auf eine längere Eingewöhnungszeit einstellen und bei der Erziehung mehr Geduld investieren als bei der jungen Katze. Aber auch hier gilt, wie fast immer bei Katzen, dass die individuellen Unterschiede groß sein können. Vielleicht erkundet Ihre neue Katzendame schon am zweiten Tag die ganze Wohnung, obwohl sie bereits im gesetzten Alter ist. Vielleicht aber verschwindet sie auch für drei Tage unterm Schrank und wagt sich nur in der Nacht zum Fressen heraus. Doch keine Sorge: Mit Geduld und Nachsicht entwickelt sich auch ein eigenwilliger und anfangs grantelnder Katzensenior zum liebenswerten und anschmiegsamen Hausfreund.

236. Mensch und Katze – auf Rufnamen hören: Wie bringe ich einem Kätzchen bei, auf seinen Namen zu hören und herbeizukommen?

Jede Katze kann ihren Namen lernen und begreifen, dass der Namensruf ihr gilt. Meistens kann der Ruf ja bereits am Tonfall als Lockruf erkannt werden. Der Schlüssel zum Lernerfolg ist simpel: Für Ihre Katze muss es sich lohnen, dem Ruf Folge zu leisten.

CLICKERTRAINING MIT KATZEN	
Was ist Clickertraining?	Das Clickertraining ist eine wirkungsvolle Trainingsmethode, mit der man Katzen (und auch andere Tiere) ohne Zwang dazu bekommt, bestimmte Verhaltensweisen zu zeigen. Im Clickertraining nutzt man den Effekt, dass Tiere ein Verhalten freiwillig wiederholen, wenn es sich für sie lohnt. Bei diesem Lernen durch positive Verstärkung wird eine Verknüpfung hergestellt, die man in der Verhaltensforschung als »operante Konditionierung« bezeichnet. Die Katze erhält ein Signal (den »Click«). Der Klicklaut zeigt ihr an, dass sich ihr Verhalten für sie lohnt und belohnt wird.
Was braucht man dazu?	Lediglich ein kleines Gerät, das einem »Knackfrosch« ähnelt, also aus einem unter Spannung stehenden Blechstreifen besteht, der ein knackendes Geräusch macht, wenn man draufdrückt.
Wie sieht das Training aus?	Zuerst bringt man der Katze bei, dass der Click immer ein Leckerli ankündigt: Click – Leckerli, Click – Leckerli ... Das kapiert eine Katze sehr rasch. Im zweiten Schritt lernt sie, dass sie die Clicks (inklusive der versprochenen Leckerlis) durch eigenes Handeln herbeiführen kann. Warten Sie, bis die Katze das erwünschte Verhalten zeigt – zum Beispiel ihre Pfote hebt –, und klicken Sie in diesem Moment. Direkt danach gibt es die Belohnung. Es dauert nicht lange, bis Ihre Katze begriffen hat, dass sie zum Beispiel auf die Aufforderung »Give me five!« nur die Pfote heben muss, um den Click und ihren Leckerbissen zu erhalten.
Wozu dient Clickertraining?	➤ um der Katze kleine Tricks beizubringen ➤ um besonders bei Wohnungskatzen der Langeweile vorzubeugen ➤ um die Beziehung zwischen der Katze und ihrem Menschen zu stärken ➤ um erwünschtes Verhalten zu fördern, zum Beispiel Krallenschärfen am Kratzbaum statt auf dem Teppich oder am Sofa

➤ Wählen Sie den passenden Namen für Ihre Katze aus (→ Extra, Seite 197).
➤ Sprechen Sie das Kätzchen möglichst oft mit seinem Namen an. Rufen Sie den Namen immer dann, wenn es ohnehin gerade auf Sie zuläuft, damit es das Wortsignal mit der Aktion in Verbindung bringt.
➤ Belohnen Sie die Katze am Anfang jedes Mal, wenn sie auf ihren Namen hört und zu Ihnen kommt. Entweder mit Leckerlis, Lob, Streicheleinheiten oder sogar einem neuen Spielzeug.
➤ Rufen Sie das Kätzchen immer dann mit Namen, wenn etwas Angenehmes bevorsteht, eine Spielstunde zum Beispiel oder die Fütterung. Auf den Namen verzichten sollten Sie bei Prozeduren, die Ihre Mieze eher ungern mitmacht, wie die routinemäßige Zahn- und Ohrenkontrolle. Katzen haben ein gutes Gedächtnis für derartige Zusammenhänge und folgen dann dem Ruf ihres Namens einfach nicht mehr.

237. Mensch und Katze – Jungkatze erziehen: Bei uns ist ein zwölf Wochen altes Kätzchen eingezogen. Wie erziehen wir es richtig?

?

Sofern Ihr neues Familienmitglied gut sozialisiert ist (→ Seite 214), wird es sich innerhalb weniger Tage an Sie und die neue Umgebung gewöhnen. Stimmen Sie sich vorher mit Ihrer Familie ab, welche »Spielregeln« für die junge Katze gelten sollen. Es ist sehr wichtig, dass das Kätzchen von allen im Haus gleich behandelt wird. Konsequentes Einhalten der einmal aufgestellten

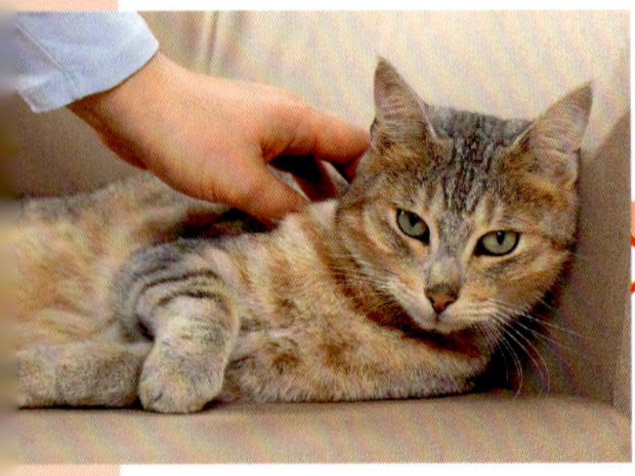

Damit sie ihren Namen lernt, sprechen Sie Ihre Katze immer dann mit Namen an, wenn sie etwas Angenehmes erlebt.

Verhaltensregeln ist das A und O einer erfolgreichen Erziehung. Schon eine einzige Ausnahme von den »Vorschriften« kann von der Katze als Freibrief betrachtet werden, sämtliche Regeln zu missachten. Die Eingewöhnung einer unzureichend sozialisierten oder scheuen Katze verlangt Geduld und sehr viel Fingerspitzengefühl. Oft artet es in eine Gratwanderung aus, die Kleine nicht zu verschrecken, ihr aber dennoch nicht alles durchgehen zu lassen. Oberste Priorität hat dabei stets die Vertrauensbildung. Auf lauten Tadel oder gar drakonische Strafmaßnahmen sollten Sie auf jeden Fall verzichten.

238. Mensch und Katze – Kommandos geben: Kann ich meiner Katze beibringen, Befehle wie ein Hund zu befolgen? ?

Die geistigen Fähigkeiten, um Befehle zu verstehen, bringen Katzen allemal mit. Die große Frage aber ist, ob sie immer willens sind, den Anweisungen Folge zu leisten. Ein Hund, der auf Kommando ein Spielzeug holt oder in seinen Korb geht, tut dies dem Menschen zuliebe, eine Katze nur dann, wenn sie selbst gerade in Spiellaune ist oder sich sowieso ein Nickerchen gönnen will. Wenn ihr der Sinn nach anderem steht, ist jedes Kommando umsonst. Ihre Samtpfote wird Sie seelenruhig anblicken – um sich dann umzudrehen und ihrer Wege zu gehen. Unabhängig davon gilt aber, dass Katzen sich viel eher kooperativ zeigen, wenn man sie freundlich dazu auffordert. Zackiger Befehlston, wie er Hunden Beine machen kann, stößt auf völlig taube Ohren. Ausnahme: Verbote. Bei einem nachdrücklich oder in scharfem Tonfall ausgesprochenen Tadel haben Sie durchaus eine gute Chance, dass Ihre Katze darauf reagiert – zumindest, wenn sie ein enges Vertrauensverhältnis zu Ihnen hat. Dicke Luft in ihrer Familie lieben unsere Stubentiger überhaupt nicht. Allerdings gibt es auch hier einen Unterschied zum Hund: Während Bello gewöhnlich Verbote auch dann einhält, wenn Sie nicht in der Nähe sind, tickt Mieze anders. Sie hat zum Beispiel gelernt, dass ihr Mensch es nicht mag, wenn sie auf den Tisch springt. Und folgert messerscharf, dass sie den Tisch dann inspizieren kann, wenn sie allein im Zimmer ist und Sie die Aktion nicht mitbekommen. Katzenlogik funktioniert sehr geradlinig.

239. Mensch und Katze – Signalworte: Mit welchen Worten kann ich mich am besten mit meiner Katze verständigen?

In der Kommunikation mit Katzen macht vor allem der Ton die Musik. Ihrer Katze ist es ziemlich egal, ob Sie »Futter!« oder »Blabla!« rufen. Hauptsache, der Tonfall ist verlockend und freundlich. Sie prägt sich den Klang Ihres Rufs ein und verknüpft ihn mit der jeweiligen Handlung. Im positiven Fall, zum Beispiel beim Füttern, steht sie dann Sekunden später schon auf der Matte. Dabei sollten Sie stets dieselben Signalworte verwenden, also nicht heute »Futter!« und morgen »Fressi, Fressi!«. Wählen Sie Begriffe, die Ihnen in der jeweiligen Situation selbst gut über die Lippen kommen, und sprechen Sie sich mit Ihrer Familie ab, damit alle dieselben Ausdrücke benutzen. Am besten eignen sich kurze Worte. Achten Sie darauf, dass die Katze Ihre Signale gut unterscheiden kann. Wenn der Rufname Ihres Katers Klaus ist, sollten Sie möglichst nicht »Raus!« verwenden, um ihn aus Ihrem Schlafzimmer zu verweisen, sondern besser »Hinaus!« und dabei das »i« extra betonen.

240. Nachahmen: Schauen sich Katzen bestimmte Fertigkeiten von anderen Katzen ab?

Es ist vielfach belegt, dass Katzen durch Beobachten und Nachahmen lernen. Das ist eine außerordentliche Intelligenzleistung, die man nur von wenigen anderen

Tieren kennt. Katzenkinder ahmen vielfach ihre Mutter nach, aber auch Geschwister, die durch bestimmte Verhaltensweisen etwas erreicht haben, was für alle anderen ebenfalls ein lohnendes Ziel darstellt. Gelegentlich werden auch befreundete Katzen imitiert, zum Beispiel, wenn eine dem Trick auf die Spur gekommen ist, wie man Türklinken herunterdrückt. Häufig dauert es dann nur noch kurze Zeit, und auch für alle anderen Katzen im Haus gibt es keine geschlossenen Türen mehr.

»Ach, so geht das!« Eine unerfahrene Katze kann sich die Benutzung der Katzenklappe von ihrer Freundin abgucken.

241. Neugier- und Erkundungsverhalten: Warum untersucht unsere Katze nach jedem Möbelrücken das ganze Zimmer?

Katzen sind neugierig, das gehört zu ihrem Wesen. Auf kleineren und größeren Streifzügen erkunden sie regelmäßig das Umfeld ihres Reviers und dehnen so ihr Streifgebiet sukzessive aus. Manche Biologen setzen dieses Erkundungsverhalten mit jeder Form von Neugierverhalten gleich, etwa dem Untersuchen neuer Gegenstände in der bekannten Umgebung. Für eine Katze ist es besonders wichtig, sich in der Kernzone ihres Reviers (→ Seite 21) ganz genau auszukennen. Sie hat davon ein dreidimensionales Bild in ihrem Kopf abgespeichert, das ihr erlaubt, sich auch im Dunkeln problemlos zurechtzufinden. Stellt sie Änderungen in ihrem Zuhause fest, versucht sie daher sofort, sich ein Bild von der neuen Lage zu machen.

242. Ortsgedächtnis: Unser Romeo akzeptierte immer, dass der Fernsehsessel tabu ist. Jetzt haben wir die Möbel umgestellt, und er missachtet das Verbot. Wie kommt das?

Mit Vergesslichkeit hat das nichts zu tun. Katzen haben ein phänomenales Ortsgedächtnis, und wenn sie etwas lernen, beziehen sie es oft nicht nur auf den betreffenden Gegenstand oder die Person, sondern auch auf den Ort des Geschehens. Der Fernsehsessel ist nach dem Möbelrücken für Romeo ganz einfach nicht mehr derselbe Sessel, für den Ihr Verbot galt. Sie müssen dem Kater also erneut klarmachen, dass der Fernsehsessel für ihn tabu ist.

243. Prägung: Wann durchlaufen junge Katzen die Prägungsphase?

Die Prägung der Katzenkinder auf ihre Sozialpartner setzt schon in der zweiten Lebenswoche ein und ist in der siebten Woche weitgehend abgeschlossen. Das fanden die Verhaltensforscher in Tests mit unterschiedlich alten Katzenbabys heraus. Sie nahmen die Kleinen aus dem Nest, setzten sie sich auf den Schoß und streichelten sie. Täglich fünf Minuten dieser Streicheleinheiten reichten schon aus, dass die Kätzchen später neugierig und angstfrei auf Menschen zuliefen – wohlgemerkt: nicht nur auf die Forscher, sondern auf alle Menschen. Katzenkinder, die in der Prägungsphase keinen Kontakt mit Menschen hatten, verhielten sich später vorsichtig und zurückhaltend. Natürlich können auch Katzen ohne die frühkindliche Zuwendung später eine enge Bindung zu ihren Menschen eingehen, aber sie bringen dieses Vertrauen nicht von vornherein mit, sondern müssen es erst im Umgang mit der neuen Familie erlernen. Und in der Regel erstreckt sich das Vertrauen nicht automatisch auf alle Personen in ihrem Umfeld, wie es bei früh auf Menschen sozialisierten Katzen der Fall ist.

WAS TUN BEI FEHLVERHALTEN?	
Tadeln zum richtigen Zeitpunkt	Die Katze verbindet einen Tadel immer nur mit der momentanen Situation. Hat sie in Ihrer Abwesenheit etwas angestellt und schläft jetzt friedlich im Körbchen, kommt ein Tadel eindeutig zu spät. Mieze bezieht ihn dann nur auf ihre Siesta – und reagiert zwangsläufig verwirrt.
Strafaktion mit Maß und Ziel	Jede Strafmaßnahme muss nicht nur von der Katze verstanden werden, sie muss auch angemessen sein. Ist sie zu sanft, ignoriert die Missetäterin sie schlichtweg, fällt sie zu heftig aus, haben Sie bald keine brave, sondern eine verängstigte und scheue Katze. Das richtige Maß hängt vom Charakter der Katze und vom Vertrauensverhältnis zu Ihnen ab.
Schreckgeräusche	Ein plötzliches und lautes Geräusch jagt der Katze einen Schrecken ein und bringt sie schlagartig dazu, ihr Fehlverhalten einzustellen. Ob es ausreicht, in die Hände zu klatschen oder man erst Lärm mit einem Topfdeckel oder Ähnlichem machen muss, richtet sich nach dem Nervenkostüm der Katze. Damit das Timing der Strafaktion stimmt (siehe oben), empfiehlt es sich, einen »Lärmmacher« immer in Griffweite zu haben, zum Beispiel eine Dose, in der Schrauben oder andere Metallteile liegen.
Anonym bestrafen	Wenn es die Situation erlaubt, sollten Sie eine Abschreckungsmethode wählen, bei der die Katze Sie nicht mit der Bestrafung in Verbindung bringen kann, indem Sie ihr etwa aus der Deckung heraus mit der Wasserpistole eine kalte Dusche verpassen.
Konsequent bleiben	Achten Sie darauf, dass Ihre Katze Verbote immer einhält. Es darf nicht sein, dass Sie ihr das Schlafzimmer verbieten, aber dann schulterzuckend nachgeben, wenn sie sich stattdessen unters Bett verzieht, nur weil Sie gerade überhaupt keine Zeit haben, um einen Machtkampf auszufechten.

244. Schimpfen – mit Maß und Ziel: Wie groß ist das Risiko, dass die neu bei uns eingezogene Katze künftig Angst vor mir hat, wenn ich einmal mit ihr schimpfe?

Ihre Reaktion auf ein Fehlverhalten muss sich nach dem Wesen der Katze richten. Bei scheuen und noch fremdelnden Tieren sollten Sie sich mit heftigen Gefühlsausbrüchen zurückhalten. Wichtig ist in jedem Fall, dass die Katze die Bestrafung oder den Tadel mit ihrem eigenen momentanen Verhalten in Zusammenhang bringt. Die Strafaktion muss nicht nur unmittelbar während oder nach dem Sündenfall stattfinden, sie muss auch beendet sein, sobald die Übeltäterin ihr unerwünschtes Tun eingestellt hat. Gleichen Sie den Tadel mit Lob und Zuwendung aus, wenn Ihre Katze sich wieder gesittet verhält.

245. Spiegelbild – Selbstwahrnehmung: Kann sich eine Katze im Spiegel erkennen?

Das ist eine Frage, die sich auch schon viele Forscher gestellt haben. Um zu realisieren, dass man sich im Spiegel selbst sieht, braucht es ein gewisses Selbstbild oder eine Selbstwahrnehmung. In Tests mit verschiedenen Tierarten versuchten Wissenschaftler zu klären, ob sie sich selbst erkennen können. Dazu wurde den Probanden unter anderem ein auffälliger roter Fleck ins Gesicht gemalt. Bei Versuchstieren, die den Fleck im Spiegel eingehend betrachteten oder ihn sogar wegzuwischen versuchten, kann man davon ausgehen, dass sie das Spiegelbild als eigenes Ich begreifen. Die Menschenaffen wie Schimpansen und Orang-Utans bestanden den Test mit Bravour, ebenso Delfine und Elefanten. Katzen allerdings nicht. Katzen reagieren auf ihr Spiegelbild entweder überhaupt nicht, oder sie bedrohen oder attackieren es, offensichtlich in dem Glauben, dass ein fremder Artgenosse in ihr Revier eingedrungen ist.

246. Spielen – bitte nicht stören: Warum lassen sich manche Katzen nur ungern anfassen, wenn sie mit einem Spiel beschäftigt sind?

Jackie hat gerade ein interessantes Spielzeug »erbeutet«. Jetzt will er in Ruhe gelassen werden – und zeigt das deutlich.

Eine Katze, die unermüdlich nach einem von ihrem Menschen geschwenkten Federbüschel springt, ist in Jagdstimmung, eine andere, die einen Wollknäuel gepackt hat und mit den strampelnden Hinterbeinen bearbeitet, ist in Kampflaune und behandelt das Objekt wie einen Gegner. Je intensiver Katzen ins Spiel vertieft sind, desto stärker sind sie auch in einer bestimmten Stimmung. Wenn sie nun quasi aus heiterem Himmel angefasst, gestreichelt oder auf den Arm genommen werden, bringt sie das ganz gewaltig aus dem Konzept. Nach Schmusen und Kuscheln steht der ins Spiel vertieften Katze absolut nicht der Sinn. Vor allem selbstbewusste Katzen geben das ihrem verdutzten Besitzer deutlich zu verstehen, indem sie die streichelnde Hand mehr oder weniger heftig abwehren. Das Rezept ist einfach: Warten Sie mit Liebkosungen, bis Miezes Spielstunde vorbei ist.

247. Spielen – zum Mitmachen animieren: Mein Garfield ist ein ausgewiesener Couch-Potato. Womit kann ich ihn zum Spielen verführen? ?

➤ Genau wie bei uns Menschen gibt es auch unter den Katzen unterschiedliche Spielertypen. Die einen lieben sportliche Jagd- oder wilde Kampfspiele, die anderen begeistern sich für Geschicklichkeitsspiele oder bevorzugen Gehirnjogging. Wenn Sie herausfinden, womit Ihr Garfield sich am liebsten beschäftigt, können Sie ihn am leichtesten vom Sofa locken und zum Mitmachen animieren.

➤ Legen Sie dem Kater nicht einfach Spielsachen in der Erwartung vor die Nase, dass er sich schon selber damit beschäftigen wird. Die schönste Plüschmaus ist reizlos, wenn sie sich nicht bewegt. Ziehen Sie Spielzeug über den Boden – am besten in unregelmäßigen und zuckenden Bewegungen –, und Sie werden Ihrem Garfield sehr schnell Beine machen.

➤ Warten Sie mit der Aufforderung zum Spiel, bis Ihre Katze in der richtigen Stimmung ist. Machen Sie ihm kein Spielangebot, wenn er gerade mit vollem Bauch vom Futternapf kommt und sich jetzt in aller

SICHERES SPIELZEUG

Achten Sie beim Kauf von Katzenspielzeug darauf, dass es die wichtigsten Sicherheitskriterien erfüllt, und überlassen Sie Ihrer Katze nicht alles zum Spielen, was sie **in der Wohnung aufstöbert.**

Auf bissfestes Material achten	Da speziell junge Katzen Spielzeug oft zerbeißen, muss es aus bissfestem Material (Sisal, Hartplastik, Holz) bestehen. Gut sind auch Objekte mit Fell.
Vorsicht bei gefährlichen Innenteilen	Metall-Tongeber in Quietschspielzeug dürfen beim Beknabbern nicht freigelegt werden. Sonst besteht die Gefahr, dass die Katze sie verschluckt.
Spitze Kanten sind ein Risiko.	Katzenspielzeug darf keine scharfen und spitzen Teile oder Kanten haben.
Keine zu kleinen Bälle erlauben	Bälle müssen mindestens die Größe eines Tischtennisballs haben, damit sie nicht verschluckt werden können.
Wollknäuel sind kein Spielzeug.	Die Fäden eines Wollknäuels können die spielende Katze strangulieren.

Ruhe seiner Körperpflege widmen will oder wenn er mit halb geschlossenen Augen in der Sonne döst. Nach ausgelassenen Spielen steht der Katze in diesen Situationen nicht der Sinn. Und Sie dürfen sich nicht wundern, wenn sie Ihnen einen Korb gibt.

➤ Vielleicht gehört Garfield ja zu den Katzen, die auf den Geruch von Catnip abfahren? Dann wird er eine Spielmaus oder einen Ball mit dem Duft nach Katzenminze unwiderstehlich finden. Oder macht er seinem Namen alle Ehre und tut für seine Lieblingssnacks fast alles? Dann lässt er sich garantiert mit einem Snackball ködern, der beim Herumkullern immer wieder kleine Leckerlis freigibt.

248. Spielen bei erwachsenen Katzen: Warum bleibt auch bei erwachsenen Katzen die Lust am Spielen fast unvermindert erhalten? ?

Generell kann man festhalten, dass höher entwickelte Tiere nur dann spielen, wenn sie gerade nichts Wichtigeres zu tun haben, wie etwa Nahrung zu suchen, den Nachwuchs zu versorgen oder ihr Terrain gegen Eindringlinge zu verteidigen. Spielen ist also gewissermaßen eine Freizeitbeschäftigung. Das gilt auch für erwachsene Katzen.

➤ Bei unseren Familienkatzen verwundert es allerdings nicht, dass sie öfter und ausgiebiger spielen als ihre wild lebenden Verwandten. Sie müssen sich keine Sorgen um den sicheren Schlafplatz und das tägliche Futter machen, und die Spaziergänge durchs Gartenrevier lasten sie nun auch nicht wirklich aus. Also ist man dankbar für jede Abwechslung, die Körper und Köpfchen fordert. Und was ist dazu besser geeignet als ein Spielchen – ob mit Quietschmaus, Katzenangel, Gitterball oder Tüftelspielzeug. Am liebsten natürlich mit dem Menschen, sonst aber auch gern solo.

➤ Gerade für eine Profijägerin und Spitzensportlerin wie die Katze gilt: »Wer rastet, der rostet.« Jagd- und Verfolgungsspiele stellen das perfekte Training dar,

»Was ist das denn?« Katzenkinder untersuchen alles Neue und trainieren daran ihre Geschicklichkeit.

um körperlich in Bestform zu bleiben und die Koordination der verschiedenen Handlungssequenzen bei der Jagd und beim Beutemachen immer wieder aufs Neue zu üben.

➤ Und schließlich festigt gemeinsames Spielen die sozialen Bindungen. Das gilt für Katzen untereinander, aber auch und ganz besonders für die Beziehung von Katze und Mensch. Nicht zuletzt deshalb ist das tägliche Spiel mit der Katze mindestens so wichtig wie die Schmusestunde.

249. Spielen bei jungen Katzen: Wenn sie nicht gerade Siesta halten oder an Mamas Milchbar saugen, wollen Kätzchen nur eines: spielen. Woher kommt diese Spielsucht?

Der Katzennachwuchs durchläuft die Kinderstube im Schnellgang, und in den wenigen Monaten bis zur Selbstständigkeit müssen die Kätzchen all das lernen, was sie brauchen, um sich als erwachsene Katze erfolgreich zu behaupten: Sie müssen in der Lage sein, einen Eigenbezirk zu erobern und zu verteidigen, sie müssen um einen Geschlechtspartner kämpfen, und sie müssen sich als geschickte Jäger erweisen und regelmäßig zum Beuteerfolg kommen. Diese Fertigkeiten fallen nicht vom Himmel, sie wollen erworben werden. Und das geht nur auf einem Weg: durch Üben, Üben und nochmals Üben. Also müssen die Geschwister so oft wie möglich als Sparringspartner herhalten, und jedes Bällchen, jede Feder oder sonstiges Spielzeug dient als willkommene »Jagdbeute«.

250. Spielverhalten – individuelle Unterschiede: Warum spielen manche Katzen stundenlang, ohne müde zu werden, während andere schon nach ein paar Minuten keine Lust mehr haben?

Katzen sind Individualisten, keine ist wie die andere. Da gibt es die sportlichen Stubentiger, die ständig in Bewegung sind, die naseweisen Entdeckernaturen, die alles erkunden wollen, die Gewohnheitstiere mit dem festen Tagesprogramm und die gemütlichen Couch-Potatos, die lediglich zwischen Sofa und Fressnapf pendeln. Die einen spielen mit Hingabe und aus eigenem Antrieb, die anderen höchstens einmal ihrem Menschen zuliebe. Darüber hinaus ist das Spiel für Katzen auch Ausgleichssport für Bewegungsmangel und ein Ventil für aufgestauten Jagdtrieb. Einer Katze, die die halbe Nacht auf Tour war und mehrere Mäuse erbeutet hat, wird am nächsten Tag der Sinn kaum nach wilden und kräftezehrenden Jagdspielen stehen. Nicht zuletzt hängt die Spiel- und Bewegungslust auch vom Alter der Katze ab. Während die Youngster nicht genug bekommen können, ziehen Senioren doch eher die kuschelige Sofaecke vor und lassen sich von ihrem Besitzer höchstens zu einem kurzen und nicht allzu anstrengenden Spielchen verleiten.

251. Spielverhalten – Nachlaufreaktion: Ich werfe meinem Kasimir immer wieder ein Plüschbällchen zu, aber er denkt nicht daran, es zu fangen. Ist er ein Spielmuffel?

Ihr Plüschbällchen erfüllt zwei Bedingungen, um spielerisch den Jagdtrieb Ihres Kasimirs auszulösen: Es hat die richtige Größe und ist in Bewegung. Der Haken bei der Geschichte: Der Ball bewegt sich in die falsche Richtung. Mäuse und die meisten anderen Beutetiere rennen von der Katze weg und nicht direkt auf sie zu. Um Ihren Kater in Aktion zu versetzen, muss sich das Spielzeug von ihm weg oder zumindest quer zu seiner Position bewegen. Probieren Sie einmal diese Variante: Knüpfen Sie einen Wollfaden oder ein Bändchen an den Plüschball und ziehen Sie ihn damit in einem möglichst ungleichmäßigen Zickzackkurs über den Boden. Das wirkt auf die Katze fast immer unwiderstehlich, weil es der Fluchtbewegung eines Nagers am nächsten kommt. Hat Kasimir erst einmal Feuer gefangen und sprintet hinter dem Bällchen her, darf die »Beute« auch an Tempo zulegen – bis sie schließlich den Bodenkontakt verliert und Ihr Kater zum Sprung ansetzen muss, wenn er sie in der Luft erwischen will.

252. **Spielzeug – zum Spielen verführen: Molly bekommt oft neues Spielzeug. Zuerst ist sie begeistert, bald aber liegt es unbeachtet in der Ecke. Woher kommt dieses Desinteresse?** ?

Ihre Molly verhält sich eigentlich nicht anders als Menschenkinder: Hat das Neue seinen Reiz verloren, wird es langweilig. Katzen sind intelligente und neugierige Tiere. In ihrem Revier untersuchen sie sofort jede Veränderung und jedes neue Objekt, um sich ein Bild davon zu machen. Beißt es womöglich, kann man es fressen, oder wozu sonst könnte es gut sein? Für die wild lebende Verwandtschaft der Hauskatze ist das ausgeprägte Neugierverhalten eine Art Lebensversicherung. Nur wer über alles in seinem Heimatbezirk Bescheid weiß, kann bei Gefahr rechtzeitig reagieren. Für die Wohnungskatze stellt ein neuer Gegenstand eine Abwechslung im gleichförmigen Alltag dar. Sobald sie ihn ausgiebig beschnuppert hat, verliert sie aber häufig das Interesse daran. Bewegen Sie eine vergessene Plüschmaus und erwecken sie so zum Leben! Räumen Sie Spielzeug, das schon eine Weile unbeachtet in der Ecke liegt, für einige Zeit weg! Wenn Sie es dann nach ein paar Wochen wieder hervorholen und Ihrer Katze anbieten, hat es fast den Reiz des Neuen, und Molly wird sich begeistert damit beschäftigen.

SELBST GEMACHTES SPIELZEUG

Eine intelligente Katze braucht immer wieder neue Herausforderungen. Das muss nicht ins Geld gehen. Aus einfachen Zutaten gebasteltes Spielzeug bringt oft den meisten Spaß.

LECKERLIROLLE

Papphülse einer Toilettenpapierrolle mit Leckerlis füllen und beide Enden mit nur locker zusammengeknülltem Seidenpapier verstopfen. Findige Katzen lernen schnell, wie sie die Papierkorken herausziehen müssen, um an die Futterhäppchen zu kommen.

WÜHLKARTON

Schuhkarton oder größeren Karton ohne Deckel mit locker geknülltem, raschelndem Seidenpapier füllen. Leckerlis unterm Papier verstecken, die Katze muss sie ausbuddeln. Manche Katzen finden es aber auch herrlich, einfach mit dem Papier zu rascheln.

TASTSCHACHTEL

In die Wände eines Geschenk- oder alten Schuhkartons in unterschiedlicher Höhe Löcher schneiden. Leckerlis in den Karton legen, nach denen die Katze dann mit den Pfoten angeln darf. Ein Deckel auf der Schachtel verhindert, dass Mieze von oben zugreift.

DAS RICHTIGE KATZENSPIELZEUG

Spielen hält fit! Mit dem geeigneten Spielzeug sorgen Sie dafür, dass Ihre Katze nicht nur körperlich in Höchstform bleibt, sondern auch ihre grauen Zellen in Schwung kommen.

FILZBALL
Leicht beweglich und dabei griffig – ein Ball aus Filz lässt sich prima über den Boden treiben und ist die ideale »Beute«. Wenn im Inneren noch eine Klingel oder Rasselperlen für Geräusche sorgen, ist das besonders aufregend.

SPIELSCHIENE
Die Spielschiene ist eine echte Herausforderung für die Tüftler unter den Katzen. Und sie ist auch ideal zum gemeinsamen Spiel. Bestücken lässt sie sich sowohl mit kullernden Bällchen als auch mit Miezes Lieblingsleckerlis.

PLAY-N-SCRATCH
Voller Jagdeifer das Bällchen schubsen, das in der Rinne rollt, oder lieber erst den Fadenpuschel erhaschen, der auf der Feder wackelt? Beides macht mächtig Spaß. Und danach noch die Krallen in den Kratzteppich schlagen ...

Welche Spiele Ihr Stubentiger bevorzugt, ob Jagd- und Fangspiele oder lieber Geschicklichkeitsspiele, hängt von seinem Charakter, oft aber auch von Tagesform und Stimmung ab.

KATZENANGEL
Der unübertroffene Hit unter allen Spielen für Katzen ist ein Büschel Federn, Stoff- oder Fellstreifen, das an der Schnur hängt und vom Spielpartner Mensch durch die Luft geschwenkt oder über den Boden gezogen wird.

PLÜSCHTUNNEL
Rein in den Tunnel, raus aus dem Tunnel! Vor allem sehr bewegungsfreudige Katzen finden es herrlich, durch die gewundenen Gänge zu schlüpfen. Die ruhigeren Gemüter suchen sich im Tunnel ein Plätzchen für ihre Siesta.

STOFFSPIELTIERE
Es muss nicht immer eine Spielmaus sein. Hauptsache, das Spielzeug ist etwa so groß wie eine echte Maus und schön griffig. Und wenn es noch nach Katzenminze riecht, kann sich die Katze glatt daran berauschen.

253. Stubenreinheit junger Katzen: Wie lernen Kätzchen, ihre Toilette zu benutzen?

?

Ihr »Geschäft« in der Erde oder im lockeren Sand zu verbuddeln, ist Katzen angeboren. Bei der Erziehung zur Sauberkeit müssen sie daher nur lernen, wo es den geeigneten Untergrund dafür gibt. Wenn Katzenkinder schon während ihrer ersten Ausflüge aus dem Wurflager auf eine (kindgerecht kleine) Katzentoilette stoßen, untersuchen sie das unbekannte Objekt mit kindlicher Neugier und Gründlichkeit. Sie tapsen darin herum, machen unbeholfene Scharrbewegungen in der Streu, nehmen ein paar Steinchen in den Mund – und begreifen bald, wozu das alles gut ist. Was nicht ausschließt, dass angesichts der kleinen Kinderblase nicht doch noch dann und wann eine Pfütze woanders landet. Grundsätzlich aber sind die Jungkatzen von nun an stubenrein.

254. Tadeln – heilsamer Schreck: Reicht es aus, wenn ich kräftig in die Hände klatsche, um meiner Katze klarzumachen, dass sie etwas Verbotenes tut?

?

Wie nachdrücklich Sie eine Katze tadeln müssen, um Wirkung zu erzielen, hängt von ihrem Charakter und dem Vertrauensverhältnis zum Menschen ab. Bei schreckhaften und scheuen Tieren reichen kräftiges Händeklatschen und ein scharfes »Kschsch!« meist aus, um sie von ihrem frevelhaften Tun abzubringen. Bei selbstbewussteren Naturen und ausgewiesenen Sturköpfen braucht es schwerere Geschütze. Knallen Sie ein Buch oder eine Zeitschrift auf den Tisch, schlagen Sie mit dem Löffel gegen einen Kochtopf oder erzeugen Sie auf andere Weise ein lautes und explosives Geräusch. Auch ein scharfes, donnerndes »Nein!« zeigt Wirkung. Der Katze muss der Schreck in die Glieder fahren, damit sie ihr unerwünschtes Tun unterlässt, in Panik geraten soll sie dabei aber nicht.

255. **Tagesrhythmus anpassen: Es heißt immer, Katzen sind Nachttiere. Können sie sich dann überhaupt unserem Tagesrhythmus anpassen?** ?

Katzen sind nicht so ausgeprägte Nachttiere, wie es oft angenommen wird (→ Seite 109). Sonst könnte man bei Fahrten über Land nicht am helllichten Tag so viele feldernde Katzen beobachten. Dennoch: Eine Runde durchs Revier bei Tagesanbruch und der Jagdzug in der Abenddämmerung müssen sein. Wohnungskatzen patrouillieren ersatzweise durch sämtliche Räume oder legen wilde Jagdspiele aufs Parkett. Im Großen und Ganzen aber haben Katzen, die in einer Familie leben, kein Problem damit, die meisten Nachtstunden schlafend zu verbringen, selbst wenn sie auch zu dieser Zeit ins Freie können. Sie sind gern dort, wo sich ihre Menschen aufhalten, und die liegen nachts nun mal in ihren Betten. Die meisten Katzen legen sich sogar freiwillig mit ins Bett – sofern man sie lässt. Unausgelastete Wohnungskatzen, die tagsüber sich selbst überlassen bleiben und sich entsprechend langweilen, legen allerdings häufig auch nachts mehrere Aktivitätsperioden ein. Die anderen aber, die am Tag meist ständig mit ihren Menschen zusammen sind, nehmen in der Regel auch aus freien Stücken an deren Aktivitäten teil, ob beim Fernsehen, Lesen, am Schreibtisch oder im Hobbykeller. Sie sind aktiv, wenn der Mensch aktiv ist, und sie halten Siesta, wenn er ins Bett geht. Diese freiwillige Anpassung an unseren Tages- und Lebensrhythmus ist umso ausgeprägter, je mehr wir uns mit der Katze beschäftigen.

Eine mit Steinchen oder Schrauben gefüllte, laut scheppernde Dose ist ein probates Hilfsmittel für die Katzenerziehung.

Problemverhalten

Was tun, wenn die Katze sich danebenbenimmt? In diesem Kapitel erfahren Sie die Ursachen für problematisches Verhalten und erhalten Tipps, wie sich die Harmonie zwischen Katze und Mensch wieder herstellen lässt.

256. **Abwehrverhalten – beim Hochheben: Die alte Milly war immer freundlich. Seit Kurzem aber faucht und kratzt sie, wenn ich sie auf den Arm nehmen will. Wie kommt das?**

Wenn eine bislang friedfertige Katze keine Berührung mehr zulässt, liegt der Verdacht nahe, dass sie dabei Schmerzen hat. Bei Erkrankungen innerer Organe kann der Druck auf den Leib beim Hochheben sehr schmerzhaft sein. Bei manchen Katzen reagieren auch Hautpartien am Rücken überempfindlich. Auslöser ist eine Reizung der Nervenwurzeln, die auf eine Wirbelsäulenerkrankung zurückgeht. Stellen Sie Ihre Milly daher unbedingt dem Tierarzt vor. Er klärt ab, ob eine gesundheitliche Beeinträchtigung vorliegt.

257. **Aggressives Verhalten – Beine attackieren: Unser Kater attackiert ständig unsere Knöchel. Wie können wir ihn davon abhalten?**

Wenn triebstarke Katzen ihren Jagdinstinkt bei reiner Wohnungshaltung nicht ausleben können, suchen sie nach einem Ventil. Statt echter Beute belauern und attackieren die Katzen dann oft die Beine des Menschen. Auch wenn das Kratzer oder Bissverletzungen verursacht, handelt es sich nicht um echte, feindlich gemeinte Aggressivität. Tierpsychologen sprechen daher von Scheinaggressivität. Sorgen Sie mit Jagdspielen dafür, dass die Katze ihren Jagdtrieb auslebt, wenn sie draußen keine Mäuse jagen kann.

258. **Aggressives Verhalten – gegen Fremde: Carla attackiert die Beine aller Besucher. Warum benimmt sie sich so aggressiv?**

Vor allem Kätzinnen verteidigen ihr Revier häufig vehement gegen Fremde. Die Besucher bringen den Tagesablauf der Katze durcheinander und stehlen ihr die Aufmerksamkeit ihrer Menschen. Schimpfen oder strafen hilft nicht, das würde Carlas Aversion gegen die Eindringlinge in ihr Revier nur noch verstärken. Stellen Sie ein paar Stunden vor Ankunft Ihrer Gäste jegliche Zuwendung an Carla ein und streicheln Sie sie dafür umso ausgiebiger, sobald der Besuch da ist. Auch einige Leckerlis von Ihnen oder aus der Hand der Gäste können Carla mit den Fremden versöhnen.

259. Aggressives Verhalten – gegen Mitkatze: ?

Warum hat unsere Bonnie ihren Katzenfreund Clyde angegriffen, als wir ihn nach einem Eingriff vom Tierarzt nach Hause brachten?

Manchmal wird eine Katze, die eine Weile abwesend war, bei ihrer Rückkehr von der Mitkatze nicht sofort wiedererkannt. Nach der Behandlung beim Tierarzt haftete Clyde eventuell ein Geruch an, den Bonnie nicht einordnen konnte. Vielleicht sah Clyde anders aus, weil er für den Eingriff geschoren wurde oder einen Verband trug. Möglicherweise bewegte er sich nach einer Narkose auch noch etwas unsicher. In einem Mehrkatzenhaushalt sollten Sie eine Katze, die einen solchen Eingriff hinter sich hat, für einige Zeit getrennt von den anderen halten. Streicheln Sie alle Katzen abwechselnd, um so den gemeinsamen Familiengeruch wiederherzustellen.

EXTRATIPP

Der richtige Verhaltenstherapeut

Katzenpsychologe und -therapeut sind als Berufsbezeichnung bei uns nicht geschützt. Ein guter Verhaltenstherapeut hat eine Ausbildung in allgemeiner Verhaltensbiologie und praktische Erfahrung mit Katzen. Fragen Sie Ihren Tierarzt nach geeigneten Therapeuten für Katzen. Vielleicht hat er ja selbst eine Zusatzausbildung in Verhaltenstherapie.

260. Ängstlichkeit – übermäßige: Was tun, wenn die Katze tagsüber unter dem Schrank sitzt und sich nur nachts zum Fressen herauswagt?

Anhaltende Angst kann für Katzen ebenso qualvoll sein wie körperlicher Schmerz. Wenn sich eine derart verängstigte Katze nicht beruhigen lässt, muss man handeln, um psychosomatische Probleme und in der Folge Erkrankungen zu vermeiden. Fragen Sie einen Tierverhaltenstherapeuten um Rat, wie und womit der traumatisierten Katze geholfen werden kann.

261. Aversion – dauerhaft gegen Artgenossen: Cleo hat eine zweite Katze zur Gesellschaft bekommen, greift sie aber ständig an. Wie kann ich die beiden aneinander gewöhnen?

Katzen verteilen Zu- und Abneigungen sehr individuell. Manche entwickelt starke Aversionen gegen eine bestimmte andere Katze. Attackiert eine überlegene Katze die schwächere über längere Zeit immer wieder, wird der Dauerstress für die unterlegene Katze zur Qual. Auch wenn es sehr schwerfällt, bleibt dann nur noch die Trennung vom zweiten Tier, und Sie sollten akzeptieren, dass Ihre Cleo am liebsten solo ist.

EXTRATIPP

Wenn Katzen in Panik geraten

Eine Katze, die in panischer Angst um sich beißt und schlägt, stellt auch für Menschen eine Bedrohung dar. Muss das Tier eingefangen und transportiert werden, sollte es möglichst in eine Decke oder ein großes Handtuch gewickelt werden. Wenn sie nichts mehr sehen können, stellen fast alle Katzen die Gegenwehr ein. Gewappnet mit einer dicken Jacke und festen Handschuhen, können Sie das verängstigte Tier dann – immer noch in der Decke – aufnehmen.

262. **Beißen – unvermitteltes: Beim Streicheln packt mein Kater oft meinen Arm, tritt mit den Hinterbeinen dagegen und beißt in die Hand. Was soll diese Attacke?** ?

Der Angriff ist nicht ernst gemeint. Wird der Kater am Bauch berührt, führt er instinktiv Kampfbewegungen aus. So reagieren viele Katzen, vor allem wenn sie als Kätzchen spielerisch mit der Hand »kämpfen« durften – mit ein Grund, solche Spiele mit jungen Katzen zu vermeiden. Brechen Sie die Streichelstunde nach einem Bissversuch des Katers sofort ab. So lernt er, dass seine Attacken das Ende des Schmusens bedeuten, und wird sie künftig unterlassen.

263. **Betteln um Futterhäppchen: Wie können wir verhindern, dass unsere junge Katze uns bei Tisch belagert und bettelt?** ?

Vereinbaren Sie mit Ihrer Familie die Regel, dass die Katze Futter nur im Fressnapf bekommt und sonst nirgends. Bitten Sie auch Gäste, ihr keine Häppchen zuzustecken. Ein Schinkenstückchen oder ein einziger Sahneklecks reichen aus, um sich künftig mit einer fordernd maunzenden Bettlerin herumzuschlagen.

264. **Bewegungsstörung: Unsere alte Molly dreht sich immer wieder im Kreis und hält dabei den Kopf schief. Manchmal stößt sie auch an Hindernisse. Was stimmt nicht mit ihr?** ?

Die Symptome deuten auf das Vestibulärsyndrom hin. Dabei handelt es sich um eine Gleichgewichtsstörung, die zu unkoordinierten Bewegungen führt. Verantwortlich sind Durchblutungsstörungen im Gehirn, die bei alten Katzen relativ häufig auftreten. Die Tiere drehen sich zwanghaft im Kreis, die Augen zittern oder wandern unkontrolliert hin und her, die Katzen haben Probleme beim Gehen, Stehen und Springen. Typisch ist der schief gehaltene Kopf. Sprechen Sie beruhigend mit Molly und achten Sie darauf, dass sie nirgends herunterfallen kann. Verschwinden die Symptome nicht innerhalb weniger Tage, muss die Katze zum Tierarzt. Er verordnet durchblutungsfördernde Medikamente, um die Symptome zu lindern, die das Tier stark beeinträchtigen und ängstigen.

265. Depressives Verhalten: Können eigentlich auch Katzen depressiv werden?

Leider ja. Und wie beim Menschen sind Ursachen und Symptome des depressiven Verhaltens mannigfaltig. Oft schränken betroffene Katzen ihre Aktivitäten stark ein, manche vernachlässigen die Fellpflege, fressen kaum oder gar nicht mehr oder werden unsauber. Andere entwickeln Heißhunger, viele sind reizbar und ständig schlecht gelaunt. Da viele organische Erkrankungen dieselben Verhaltensänderungen zur Folge haben, muss der Tierarzt abklären, ob eine Krankheit vorliegt. Lautet die Diagnose Depression, kann eine Verhaltenstherapie Abhilfe bringen. In schweren Fällen sind Psychopharmaka nötig, die aber unbedingt in die Hand des erfahrenen Therapeuten gehören. Eine echte Depression kann durch Dauerstress ausgelöst werden, aber auch durch ein traumatisches Erlebnis wie Unfall oder schwere Operation. Nicht selten sind depressive Zustände, wenn die Katze um ihren engen Sozialpartner trauert, ob Mensch oder Mitkatze.

Das Baby ist da! Solange sich die Katze nicht abgeschoben und vernachlässigt fühlt, reagiert sie auch nicht eifersüchtig.

266. Eifersucht – auf das Baby: Wir haben ein Baby bekommen. Wie stelle ich sicher, dass unsere Katze es ohne Eifersucht akzeptiert?

➤ Lassen Sie die Katze dabei sein, wenn Sie sich ums Baby kümmern, und reden Sie freundlich mit ihr.
➤ Die Katze darf am Kind schnuppern. Streicheln Sie beide, damit das Baby in den der Katze vertrauten Familiengeruch einbezogen wird.
➤ Ihre Mieze darf sich nicht vernachlässigt fühlen. Halten Sie ihren gewohnten Tagesablauf mit Fütterungszeiten, Spiel- und Kuschelstunden ein.
➤ Die Katze muss sich zurückziehen können, wenn sie das Schreien des Babys stört. Wenn Sie selbst dabei möglichst gelassen bleiben, hat das auf die Katze eine beruhigende Wirkung.

267. Eifersucht – auf die neue Katze: Seit wir eine zweite Katze haben, verhält sich unsere alte Katze aggressiv – weniger gegen die neue als gegen uns. Ist das Eifersucht?

Katzen reagieren sehr häufig mit Eifersucht, wenn sie die Aufmerksamkeit und Zuwendung ihres Menschen verlieren oder zu verlieren glauben und das mit einer anderen Katze in Verbindung bringen. Je enger die Bindung zum Menschen ist, desto heftiger fällt in der Regel die Reaktion aus. Je nach Naturell und Temperament der Katze kann sich das in aggressivem, aber auch depressivem Verhalten äußern. Andere häufige Reaktionen auf den Einzug einer Zweitkatze sind Unsauberkeit, Streunen und Futterverweigerung. Entscheidend ist, dass für die alteingesessene Katze möglichst alles unverändert bleibt, dass Tagesrhythmus und Rituale beibehalten werden und sie die gewohnte Aufmerksamkeit von Ihnen erhält. Kümmern Sie sich vor allem in Gegenwart der neuen Katze betont liebevoll um Ihre Erstkatze. So lernt sie, den Neuzugang mit Positivem in Verbindung zu bringen.

268. **Furcht vor Freigang: Wir sind in ein Haus mit Garten gezogen. Nun will Pia nicht mehr raus. Wie gewöhnen wir sie an den Garten?** ?

Lassen Sie Ihrer Pia Zeit! Der Umzug hat sie enorm verunsichert, da sie ihr vertrautes Revier verloren hat und sich nun auf völlig unbekanntem Terrain befindet. Sobald sich Pia im neuen Domizil heimisch fühlt, erwacht auch die katzentypische Neugierde wieder und mit ihr die Lust auf Erkundungstouren. Nehmen Sie Pia auf den Arm und gehen mit ihr in den Garten und stellen Sie den Fressnapf vor die geöffnete Terrassentür. Das hilft ihr, die Hemmschwelle schneller zu überwinden. Bei ihren ersten Ausflügen sollte die Verandatür offen sein, damit sie ins Haus flüchten kann, wenn ihr mulmig wird.

269. **Kontaktsucht: Ständig klebt Ninette wie eine Klette an mir. Wie gewöhne ich ihr die lästige Aufdringlichkeit ab?** ?

Spielen Sie täglich mit Ninette und halten Sie feste Spielzeiten ein. Beginnen Sie die Spielstunde mit einem Ritual, indem Sie zum Beispiel ein bestimmtes Spielzeug aus dem Schrank holen. Bald weiß Ninette ganz genau, wann Spielen angesagt ist. Zu anderen Tageszeiten wird sie konsequent ignoriert und lernt so, dass Ihre Zuwendung an feste Zeiten gebunden ist. Bieten Sie Ihrer sehr aktiven Katze aber Spielzeug an, mit dem sie sich tagsüber alleine beschäftigen kann.

270. **Krallenwetzen – an Möbeln: Mein Kater Wendelin wetzt die Krallen am Tischbein. Wie mache ich ihm den Kratzbaum schmackhaft?** ?

Es ist kein leichtes Geschäft, die Katze von einer verbotenen zur erlaubten Kratzstelle umzulenken. Die Macht der Gewohnheit und der Markierungsgeruch ziehen sie immer wieder zur alten Stelle. Das Tischbein wird für Wendelin unattraktiv, wenn Sie es mit einer Luftpolsterfolie oder locker mit einem Tuch umwickeln. Beides schätzen Katzen nicht, weil ihre Krallen darin hängen bleiben. Auch doppelseitiges Klebeband eignet sich, da Katzen alles Klebrige verabscheuen. Versuchen Sie Wendelin zugleich für den Kratzbaum zu interessieren (→ Tipp, Seite 18).

271. Krallenwetzen – an Polstern: Kitty zerfleddert das Sofa, obwohl sie an dem weichen Stoff die Krallen nicht schärfen kann. Warum also? ?

Die Krallenarbeit auf dem Sofa signalisiert den Besitzanspruch der Katze. Sie überträgt dabei Duftsekrete aus den Drüsen zwischen ihren Zehenballen (→ Seite 16). Weil sich die Duftstoffe nach einiger Zeit verflüchtigen, erneuert Kitty die Markierung regelmäßig. Die Duftmarke gilt nicht nur Artgenossen, sondern dient der Urheberin selbst als Geländezeichen, das ihr eine sichere und stressfreie Zone signalisiert.

272. Kratzspuren – an Tapete: Meine Textiltapete zeigt hässliche Krallenspuren, obwohl meine Katze freien Gartenauslauf hat. Genügen ihr die Kratzmöglichkeiten draußen nicht? ?

Auch eine Katze mit Freigang braucht im Haus Kratzstellen. Sie versieht die Wohnung als Kernzone ihres Reviers (→ Seite 21) mit »Eigentumsstempeln« in Form von Kratzmarkierungen. Weil Textiltapeten besonders griffig sind, bieten sie sich perfekt dafür an. Abhilfe schaffen ein attraktiver Kratzbaum und Kratzbretter an den bisherigen Kratzpunkten. Machen Sie der Katze die erlaubten Kratzstellen durch geeignete Maßnahmen (→ Tipp, Seite 18) schmackhaft und verleiden Sie ihr die unerlaubten Flächen, indem Sie Alufolie oder glatten Karton davor anbringen.

Eine Katze, die ständig maunzt, hat fast immer die Erfahrung gemacht, dass Hartnäckigkeit zum Ziel führt.

273. **Maunzen – am frühen Morgen:** **Meine Katze miaut morgens so lange vor dem Schlafzimmer, bis ich aufstehe und sie füttere. Wie gewöhne ich ihr das ab?**

Bisher war die »Strategie« Ihrer Katze erfolgreich. Daher erfordert es Nerven und Ausdauer, um ihr das Verhalten abzugewöhnen. Ignorieren Sie das Geschrei so lange, bis sie einmal still ist. Genau in dem Moment – bevor die maunzende Nervensäge erneut loslegt – stehen Sie auf. Klappt das mehrmals, dehnen Sie die Zeitspanne zwischen dem Verstummen der Katze und dem Aufstehen allmählich aus. So lernt die Unruhestifterin, dass nur ruhiges Abwarten zum Erfolg führt. Konsequenz ist dabei entscheidend: Gelegentliches Nachgeben Ihrerseits macht den Lernerfolg schnell zunichte. Alternative: Kaufen Sie einen Futterautomaten mit Zeituhr, der die Morgenfütterung selbsttätig durchführt.

274. **Maunzen – anhaltendes:** **Warum maunzen manche Katzen oft unablässig, wenn sie von uns etwas wollen?**

Der Schlüssel liegt in der Kinderstube der Katze. Versuche von Verhaltensforschern zeigen: Ein aus dem Nest gefallenes Kätzchen ruft nach der Mutter, die sofort herbeikommt und es zurückträgt. Bleibt die kleine Katze aber stumm, blickt die Mutter höchstens zu ihr hin, holt sie aber nicht. Allein das Rufen löst die mütterliche Hilfeleistung aus, nicht der Anblick des verlorenen Jungen. Je lauter und häufiger Kätzchen rufen, desto schneller wird die Mutter aktiv. Ist sie müde oder anderweitig beschäftigt, dauert es eine Weile, bis sie das Kind holt. Hört das Junge in dieser Situation zu früh zu schreien auf, rührt sein Anblick die Mutter nicht weiter. Erwachsene Hauskatzen maunzen den Menschen an wie Kätzchen die Mutter. Und ihr Instinkt sagt ihnen, dass sie nicht vorschnell aufgeben dürfen, wenn sie Hilfe brauchen. Dazu kommt, dass sie im Laufe des Zusammenlebens meist die Erfahrung gemacht haben, dass sich ihre Ausdauer lohnt. Über kurz oder lang wird der Mensch »mürbe« und tut, was die Katze will. Erlerntes Verhalten verstärkt also das instinktive ausdauernde Schreien.

275. Maunzen – unmotiviertes: Mein 18-jähriger Kater maunzt in letzter Zeit aus unerfindlichen Gründen und ganz monoton und läuft dabei planlos umher. Was steckt dahinter?

Auch bei Katzen gibt es im Alter Demenzerkrankungen. Lautes, monotones Maunzen ist ein Anzeichen, oft kombiniert mit nächtlicher Unruhe, Unsauberkeit und Orientierungslosigkeit. Momentane Abhilfe schaffen Sie, wenn Sie den Kater beruhigend anreden, streicheln oder auf den Schoß nehmen, damit er sich wieder geborgen fühlt. Dauerhaft abstellen lassen sich die altersbedingten Symptome leider nicht.

276. Maunzen alter Katzen: Unsere 14 Jahre alte Katzendame maunzt zunehmend lauter, ausdauernder und häufiger. Warum?

Von Altersschwerhörigkeit sind auch Katzen betroffen. In der Natur wären diese Tiere kaum mehr in der Lage, Beute zu machen, in der Obhut des Menschen können sie noch lange ein gutes Katzenleben führen. Um ihre Menschen auf sich aufmerksam zu machen, rufen sie immer nachdrücklicher und lauter, je mehr das eigene Gehör nachlässt und sie sich selbst kaum noch hören.

277. Mäuse ins Haus schleppen: Meine Katze schleppt ständig tote Mäuse an, die sie aber nicht frisst. Warum lässt sie ihre Beute nicht einfach dort liegen, wo sie sie fängt?

Wenn Ihre Katze Ihnen Beutetiere vor die Füße legt, ist das ein Akt von Fürsorge und Verbundenheit. Für gewöhnlich teilen Katzen ihre Beute nicht, lediglich die Mutterkatze bringt sie ihren Jungen als Futter und Übungsobjekt mit nach Hause. Nun besteht zwischen Hauskatze und Mensch fast so etwas wie ein Mutter-Kind-Verhältnis. Normalerweise spielt der Mensch die Mutterrolle und sorgt für Futter. Bei enger Bindung zwischen Katze und Mensch dreht Mieze den Spieß auch einmal um und versorgt ihrerseits ihr »Ersatzkind« mit Nahrung. Schimpfen Sie Ihre Katze also nicht, sondern loben Sie sie und bedanken Sie sich mit ein paar Streicheleinheiten. Danach lassen Sie die tote Maus einfach unauffällig verschwinden.

278. Mobbing: Gibt es so etwas wie Mobbing auch unter Katzen?

Im Mehrkatzenhaushalt kommt es durchaus vor, dass eine Katze von einer anderen oder von mehreren »gemobbt« wird. Zu Tätlichkeiten kommt es selten, aber die sozial schwächere wird heftig bedroht, etwa durch Drohstarren (→ Seite 130). Sie wird dadurch zum Beispiel am Betreten eines Raums gehindert, vom Liegeplatz verscheucht oder vom Futternapf und der Toilette ferngehalten. Das gemobbte Tier steht in solchen Lebenssituationen unter immensem Dauerstress, der über kurz oder lang zu Verhaltensstörungen wie Unsauberkeit oder Depression führen kann.

PROBLEME MIT SENIOREN VERMEIDEN

Ab dem 9. oder 10. Lebensjahr zeigen Katzen erste Anzeichen des Älterwerdens. Wenn Sie Rücksicht auf die geänderten Bedürfnisse und Verhaltensweisen Ihres Stubentigers nehmen, folgen noch viele Jahre einer harmonischen Partnerschaft.

VERHALTENSÄNDERUNG	SO LÄUFT ES LEICHTER
Die Bewegungen verlieren an Geschmeidigkeit, die Katze springt seltener und spielt weniger wild und ausdauernd.	Verkürzen Sie die Spielstunden und bieten Sie der Katze vermehrt Geschicklichkeits- und Denkspiele statt wilder Jagd- und Verfolgungsspiele an.
Sie weicht hektischen Situationen aus und hält sich von Kindern fern.	Sorgen Sie dafür, dass sich Ihre Seniorin zurückziehen kann, wenn Kinder in der Wohnung spielen oder Sie mit Ihren Gästen ausgelassen feiern.
Sie lehnt konsequenter denn je Änderungen in ihrem Tagesablauf ab.	Bemühen Sie sich, die gewohnten Fütterungs-, Spiel- und Schmusezeiten und alle wichtigen Rituale möglichst genau einzuhalten.
In ihren Futtervorlieben erweist sich die Seniorin zunehmend heikler. Sie frisst bedächtiger und nimmt kleinere Portionen zu sich.	Stellen Sie die Ernährung allmählich auf spezielle Seniorenkost um und bleiben Sie dann beim bevorzugten Futter. Teilen Sie die Tagesration statt auf zwei jetzt auf drei Mahlzeiten auf.
Da das Durstempfinden im Alter nachlässt, trinkt die Katze nur wenig.	Achten Sie darauf, dass die Katze ausreichend trinkt. Bieten Sie ihr zusätzliche Anreize, indem Sie mehrere Trinkgefäße in der Wohnung aufstellen. Füllen Sie die Näpfe täglich mit frischem Wasser.
Die Katze wird anhänglicher und verschmuster und sucht die Nähe der vertrauten Menschen.	Nehmen Sie sich die Zeit für ausgiebige Kuschelstunden mit der alten Katze.

279. Problemverhalten: Worum handelt es sich beim Problemverhalten von Katzen? ?

Wenn Katzen Dinge tun, die der Mensch als störend empfindet, ist schnell von Verhaltensstörung die Rede. Häufig handelt es sich aber um Verhaltensweisen, die für Katzen völlig normal sind, zum Beispiel das Markieren des Territoriums mit Harn oder den Krallen. Auch die etwas andere »Denkweise« der Stubentiger führt oft zu Reaktionen, mit denen wir nicht rechnen, was Missverständnisse und Konflikte verursacht.

280. Putzzwang: Seit zwei Wochen putzt sich Sina ständig. Ihr Fell weist schon kahle Stellen auf. Das ist doch nicht normal, oder? ?

Dahinter können sich eine Allergie oder juckende Hautparasiten (→ Tipp, Seite 246) verbergen. In diesen Fällen ist ein Schädlingsspray respektive der Gang zum Tierarzt angesagt. Häufig aber rühren haarlose Flächen, meist am Bauch und an der Innenseite der Schenkel, von übermäßigem Lecken her. Das übersteigerte Putzverhalten ist eine Bewegungsstereotypie, die in der Regel durch psychischen Stress verursacht wird. Zur Stresssituation wiederum können verschiedenste Dinge führen. Vielleicht haben Sie sich in der letzten Zeit zu wenig um Sina gekümmert, vielleicht wurden die Möbel umgestellt, oder Sina wird von einer Mitkatze unterdrückt. Sobald sich ihre Situation normalisiert, stellt die Katze auch das Dauerlecken ein.

281. Saugen an Wolle: Wenn ich meine Katze auf den Schoß nehme, nuckelt sie hingebungsvoll an meinem Pullover. Was bedeutet das? ?

Katzen, die an Stricksachen oder weichen Stoffen saugen, schnurren dabei und »treteln« dabei mit den Vorderpfoten. Sie verhalten sich also wie Kätzchen, die an Mutters Zitzen trinken. Nuckeln am Stoff entspricht somit dem Saugen bei einer Ersatzmutter, was nichts anderes ist als das Daumenlutschen von Menschenkindern. Besonders häufig tritt es bei jungen Katzen auf, die früh verwaist sind oder zu früh von der Mutter getrennt wurden. Meist zeigt sich das Stoffsaugen nur einige Monate lang, manchmal aber auch über Jahre. Vermutlich wegen des Geruchs von Lanolin (Wollfett) lutschen Katzen vor allem an Wolle. Einige saugen aber auch an Frotteehandtüchern, Baumwolle und anderen Textilien. Wenn Sie den Katzenspeichel in Ihrer Kleidung nicht mögen, machen Sie es wie die Katzenmutter beim Entwöhnen ihrer Jungen: einfach aufstehen und weggehen.

Katzen sind reinliche Tiere. Doch wenn sich Mieze ungewöhnlich oft putzt, kann das ein Alarmzeichen sein.

282. **Schmusebedürfnis – übermäßiges: Mein Kater will ständig auf meinem Schoß liegen und gestreichelt werden. Nur spielen will er nicht. Warum verhält er sich so merkwürdig?**

?

Gesteigertes Kontaktbedürfnis zeugt von psychischer Unsicherheit. Die Anhänglichkeit geht oft auf die zu frühe Trennung von der Mutter zurück, zum Teil auch auf ein traumatisches Erlebnis, etwa den Verlust einer frühen Bezugsperson. Um die Verlustangst nicht noch zu verstärken, sollten Sie Ihre Katze möglichst nicht längere Zeit allein lassen. Geben Sie ihr eines Ihrer getragenen Kleidungsstücke zum Kuscheln.

283. Schwanzjagen: Was hat es damit auf sich, wenn eine Katze den eigenen Schwanz jagt?

Dass Kätzchen im Spiel ihren Schwanz jagen, sieht man recht häufig. Ebenso erwachsene Katzen, die im Überschwang des wilden Jagdspiels kurz nach dem eigenen Schwanz haschen. Das ist harmlos. Anders liegt der Fall, wenn die Katze den eigenen Schwanz nicht erkennt, ihn mit den Krallen attackiert und kräftig zubeißt, um dann vor Schmerz aufzuschreien. Hier muss der Tierarzt klären, ob diese Verhaltensstörung durch die Erkrankung des Nervensystems oder eine Verletzung an Wirbelsäule oder Schwanz verursacht wird. Bei einer Verletzung versucht die Katze womöglich, die »feindlichen« Schmerzen durch ihre Angriffe zu bekämpfen. Abnormes Schwanzjagen kann auch durch dauernden Stress ausgelöst werden. In einem solchen Fall ist die Therapie Sache eines Tierverhaltenstherapeuten. Begleitend dazu müssen die Lebensbedingungen der Katze verbessert werden.

284. Streunen – Ursachen: Warum streunen manche Katzen ständig, andere nie?

Kater haben meist einen größeren Aktionsradius als Kätzinnen. Unkastrierte Katzen sind oft tagelang auf der Suche nach Geschlechtspartnern unterwegs, aber selbst kastrierte Katzen neigen zur Hauptpaarungszeit im Spätwinter zum Streunen. Wieder andere halten sich zeitweise bei anderen Katzenfreunden auf, die sie

Nach wilden Jagdspielen muss oft der Teppich herhalten, wenn Mieze beim Rupfen mit den Krallen die Spannung abbaut.

versorgen. Wenn eine bislang häusliche Katze plötzlich streunt, fühlt sie sich zu Hause nicht mehr wohl. Eventuell haben Handwerker Lärm gemacht, gab es Stress mit einer neuen Katze oder einem Hund, oder Mieze fühlte sich vernachlässigt, weil ihre Besitzerin ganztags arbeitet und kaum mehr Zeit für sie hat.

285. Streunen abgewöhnen: Nepomuk ist oft tagelang unterwegs – und wir machen uns Sorgen. Lässt sich das Streunen abgewöhnen? ?

Falls Nepomuk noch ein ganzer Mann ist: Lassen Sie ihn kastrieren! Kastraten neigen viel weniger zum Streunen als potente Kater. Gewähren Sie ihm grundsätzlich vor der Fütterungszeit Ausgang und halten Sie den Termin ein. So gewöhnt er sich daran, rechtzeitig heimzukommen. Sprechen Sie mit den Nachbarn, falls es sich der Kater dort gut gehen lässt, und vereinbaren Sie eine alle zufriedenstellende Vorgehensweise.

286. Teppichrupfen: Meine Katze bearbeitet mit den Krallen manchmal den Teppich, der schon sehr gelitten hat. Was bezweckt sie damit? ?

Nach wilder Hatz durch die Wohnung den Teppich zu bearbeiten, ist bei vielen Wohnungskatzen ein Mittel, um die aufgestaute Bewegungslust abzubauen. Ohne vorangehendes Toben setzen Katzen das Teppichrupfen auch dazu ein, um die Aufmerksamkeit einer Mitkatze oder des Menschen zu erregen.

287. Trauern: Trauern Katzen, wenn sie einen Katzenfreund oder Menschen verloren haben? ?

Zweifellos können Katzen unter dem Verlust eines vertrauten Sozialpartners leiden. Trennungsschmerz und das Fehlen lieb gewordener Gewohnheiten stellen eine enorme seelische Belastung dar. Wie stark das Trauerverhalten ausgeprägt ist und wie lange es vorhält, ist individuell verschieden. Auch wie sich die Trauer äußert, sieht unterschiedlich aus. Manche Katzen verkriechen sich oder fressen kaum noch, andere bekommen Durchfall oder Verstopfung, viele werden stubenunrein. Die meisten Katzen gewinnen ihr seelisches Gleichgewicht wieder zurück, wenn sie in der »schweren Zeit« liebevoll betreut werden.

288. Unruhe – nächtliche: Oft wache ich nachts auf, weil Kasimir durchs Haus tobt. Wie gewöhne ich ihm die Nachtaktivitäten ab? ?

Katzen schlafen selten die Nacht durch, sondern legen kurze Kontrollrunden durch ihr Revier ein, entweder im Haus oder im Garten. Reine Wohnungskatzen sind häufig tagsüber so wenig ausgelastet, dass sie ihren Bewegungsdrang in der Nacht mit wildem Galoppieren durchs Haus oder Kletteraktionen befriedigen. Abhilfe schaffen Sie, wenn Sie dem Wildfang vor dem Zubettgehen eine Spielstunde anbieten – zusätzlich zu den übrigen Spielzeiten. Animieren Sie Kasimir zu wilden Fangsprüngen, bis er außer Puste ist, oder lassen Sie ihn hinter einer durchs ganze Zimmer gezogenen Spielmaus herrennen. Die körperliche Betätigung garantiert guten und langen Schlaf.

EXTRATIPP

Flohbefall erkennen und beseitigen

Katzen, die sich ständig kratzen, sind fast immer von Parasiten befallen, meist von Flöhen. Stellen Sie die Katze auf weißes Papier und bürsten Sie ihr Fell aus. Der Kot der Flöhe fällt in Form von schwarzbraunen Krümeln auf die Unterlage. Die 1–3 mm großen Flöhe kämmt man dann mit einem engzahnigen Flohkamm aus dem Fell der Katze.

289. Unsauberkeit – Harn absetzen: Unsere neue Katze benutzt fürs »große Geschäft« brav ihre Toilette, die Pfützen macht sie beharrlich in eine Zimmerecke. Woran liegt das? ?

Bieten Sie der Katze mindestens zwei Toiletten an verschiedenen Stellen an. Manche Katzen setzen Harn und Kot nicht am selben Platz ab, was auch dem Verhalten wild lebender Katzen entspricht. Bei zwei oder mehr Katzen im Haushalt muss man daher eventuell für jede zwei Toiletten bereitstellen.

290. Unsauberkeit – in Blumenerde: Meine Lilly benutzt einen Pflanzenkübel als Toilette. Wie treibe ich ihr diese Unart aus? ?

Katzen mit Auslauf verwenden im Haus nicht selten Blumentöpfe als Toilette, weil sie es gewöhnt sind, ihr »Geschäft« in lockerer Erde zu verscharren. So verleiden Sie Ihrer Lilly den Pflanzenkübel: Tauschen Sie die Blumenerde aus, um den Toilettengeruch zu entfernen, und bedecken Sie die neue Erde mit großen Kieseln, die Lilly nicht wegscharren kann. Oder legen Sie Zitronenscheiben darauf. Katzen mögen den Zitrusduft nicht. Das Duftmittel so lange erneuern, bis Lilly den Kübel nicht mehr als Toilette betrachtet.

291. Unsauberkeit – psychische Ursachen: Obwohl seine Toilette immer sauber ist, hat mein Kater das Sofa eingenässt. Warum nur? ?

Diesem Verhalten gehen fast immer Frustration oder Verunsicherung voraus, weil irgendetwas sich verändert hat: ein neues Familienmitglied, unliebsame Gäste, Möbelrücken, Handwerker im Haus und vieles mehr. Nur wenn Sie der Ursache der Unsauberkeit des Katers auf die Spur kommen, können Sie ihn dazu bringen, sich an die neue Situation zu gewöhnen.

292. Unsauberkeit – verschmutzte Toilette: Das »Geschäft« unserer Katze landet oft neben ihrer Toilette. Wie stelle ich diese Unsitte ab?

Der Auslöser dieses Verhaltens liegt meist im Katzenklo selbst. Das sind die häufigsten Gründe:

- Die Toilette ist verschmutzt.
- Die Toilette wird mit einem Reinigungsmittel behandelt, dessen Geruch Mieze nicht zusagt.
- Die Einstreu stört die Katze (z. B. hartes Granulat).
- Die Toilettenwanne ist zu klein.
- Die Toilette hat eine Abdeckhaube, unter der sich der Geruch staut.

293. Unsauberkeit – Wiederholungstäter: Mein Kater Fritz erleichterte sich versehentlich im Wohnzimmer und benutzt diese Stelle seitdem immer wieder. Wie bringt man ihn davon ab?

Für Fritz riecht die Stelle jetzt nach seiner Toilette. Durch Aufwischen und Bodenreiniger im Putzwasser verliert sich der Geruch für die Katzennase nicht. Verwenden Sie Essigwasser oder einen Fleckentferner für Urin. Gegen den Restgeruch reiben Sie dann die Stelle mit Pfefferminzöl oder anderen ätherischen Ölen ein.

294. Unsauberkeit bei alten Katzen: Kann es bei Katzensenioren zur Inkontinenz kommen wie bei älteren Menschen?

Das kommt relativ oft vor. Die Katze »tröpfelt« dann mehr oder weniger ständig. Aber nicht nur Altersschwäche, auch Erkrankungen der Harnwege oder Nieren sowie Diabetes können zur Inkontinenz führen. Stellen Sie mehrere Toiletten auf, am besten in jedem Raum eine. So erreicht die Katze die Toilette meist noch rechtzeitig. In Babyfachgeschäften gibt es wasserdichte Betteinlagen, die sich in beliebiger Größe zuschneiden lassen und die Sie in den Schlafkorb oder auf den Sofaplatz der Katze legen können.

295. Unsauberkeit wegen Harnwegsinfektion: Unsere Tamina hatte eine Blasenentzündung, die jetzt ausgeheilt ist. Warum aber benutzt die Katze ihre Toilette seither nicht mehr? ?

Bei Harnwegsinfektionen ist das Absetzen von Harn sehr schmerzhaft. Da Katzen häufig die Erinnerung an solche Erfahrungen mit dem Ort der Handlung verknüpfen, ist für Tamina nun ihre Toilette für die Schmerzen verantwortlich – und sie meidet den Ort. Stellen Sie an einer anderen Stelle eine neue Toilette auf. Ihre Katze wird sie garantiert schnell annehmen.

296. Verhaltensstörungen: Woran erkennt man bei Katzen eine echte Verhaltensstörung? ?

Von Verhaltensstörung spricht man, wenn die Katze Dinge tut, die zu Dauerstress oder gesundheitlichen Schäden führen. Eine Katze, die wiederholt Gummibänder verschluckt, stillt nicht ihren Hunger, sondern kann sich innere Verletzungen einhandeln. Auch übermäßige Angst, die dazu führt, dass sich die Katze ständig verkriecht, muss als Verhaltensstörung angesehen werden. Um echte Verhaltensstörungen dauerhaft zu beheben, ist in der Regel die Hilfe eines erfahrenen Verhaltenstherapeuten (→ Tipp, Seite 231) nötig.

297. Vögel jagen: Ninette fängt im Garten immer wieder Singvögel. Wie hält man sie davon ab? ?

Kleinere Vögel gehören zum Beutespektrum der Hauskatze. Hat die Katze gelernt, wie man Vögel fängt, wendet sie das »Erfolgsrezept« immer wieder an. Ninette beibringen zu wollen, dass sie Mäuse, aber keine Vögel jagen darf, ist ein fruchtloses Unterfangen. Mit Katzenmanschetten um die Baumstämme schützen Sie Vogelnester im Garten vor Plünderung durch die Katze. Auch Futterhäuschen sollten katzensicher angebracht werden. Der Katze ein Halsband mit Glöckchen anzulegen, um die Vögel vor ihr zu warnen, ist wenig ratsam. Die Katze kann hängen bleiben oder sich strangulieren, zum anderen lernt sie, sich so zu bewegen, dass die Schelle nicht anschlägt.

298. Würgelaute: Unsere Katze gibt laute Würgegeräusche von sich, wirkt dabei aber munter. Muss ich mir Sorgen machen?

Würgen und Erbrechen kommt bei Katzen öfter vor als bei uns und ist nicht immer ein Krankheitssymptom. Zum Beispiel werden so verschluckte Haare und unverdauliche Beutereste ausgeschieden. Bei häufigem Erbrechen sollten Sie jedoch den Tierarzt abklären lassen, ob eine körperliche Ursache dahintersteckt. Ist medizinisch alles in Ordnung, versucht Ihre Katze möglicherweise mit dem Würgen Ihre Aufmerksamkeit zu erregen. Vielleicht sind Sie schon mehrmals zu ihr geeilt, wenn sie ihren Mageninhalt vernehmlich hochgewürgt hat – aus Sorge ums Tier oder Ihren Teppich. Die Katze hat diese Erfahrung als probates Mittel abgespeichert, sie herbeizulocken – und wendet die Würgelaute nun konsequent immer wieder an.

299. Zerstörungswut: Mein zweijähriger Kater zerlegt die halbe Wohnung, wenn er allein ist. Wie bringe ich ihn zur Räson?

Ein zweijähriger Kater ist im besten Mannesalter. In freier Natur würde er ein großes Revier kontrollieren, kilometerweit umherstreifen, Katzendamen erobern und sich mit anderen Katern prügeln. Eine Menge Herausforderungen und Jobs! In der Wohnung weiß er ganz einfach nicht, wohin mit all seiner Energie – und wird kreativ, wenn es darum geht, Beschäftigungen zu finden. Sorgen Sie dafür, dass Ihr Kater besser ausgelastet ist, indem Sie täglich und möglichst lange mit ihm spielen – bevorzugt wilde Jagdspiele. Absolut ideal wäre es allerdings, wenn Sie dem Kater eine zweite Katze als Partnerin zugesellen würden.

Wenn es Carlo langweilig ist, sucht er sich interessante Beschäftigungen – was oft in regelrechten Vandalismus ausartet.

300. Zimmerpflanzen anknabbern: Unser junger Kater knabbert sämtliche Pflanzen in der Wohnung an. Wie stoppe ich die Knabberlust? ?

Katzen verschlucken Gras oder andere Blätter, um Haarballen und unverdauliche Teile von Beutetieren leichter auswürgen zu können (→ Seite 82). Vor allem reine Wohnungskatzen brauchen Grünzeug, an dem sie knabbern dürfen. Stellen Sie Ihrem Kater eine Schale mit Katzengras hin, das es im Fachhandel als Saatmischung oder in Töpfen gibt. Das Katzengras sollte etwas abseits von den übrigen Zimmerpflanzen stehen. Loben und streicheln Sie Ihren Kater, sobald er am Gras knabbert. Im Gegenzug sollten Sie ihm durch geeignete Strafmaßnahmen (→ Seite 215) klarmachen, dass er Ihre Zimmerpflanzen in Ruhe lassen muss. Zur Sicherheit können Sie die Pflanzen mit einem Duft präparieren, den Katzen verabscheuen. Geben Sie zum Beispiel einige Tropfen Zitrusöl ins Wasser einer Blumenspritze (gut schütteln!) und besprühen Sie damit Ihre Pflanzen.

Register

Halbfett gesetzte Seitenzahlen verweisen auf Abbildungen.
U = Umschlag, UK = Umschlagklappe

Die Inhalte dieses Buches beziehen sich auf die Bestimmungen des deutschen Tier- bzw. Artenschutzes. In anderen Ländern können die Angaben abweichend sein. Erkundigen Sie sich daher im Zweifelsfall bitte bei Ihrem Zoofachhändler oder bei der entsprechenden Behörde.

Adressen und Verbände

Gesellschaft für Tierverhaltensmedizin und -therapie (GTVMT), www.gtvmt.de (bundesweite Liste praktizierender Tierverhaltensmediziner)

Verband der Tierpsychologen und Tiertrainer e. V., Achtern Dieck 6, 24576 Bad Bramstedt, www.vdtt.org

Institut für Tierschutz und Verhalten, Tierschutzzentrum, Bünteweg 2, 30559 Hannover, www.tierschutzzentrum.de

1. Deutscher Edelkatzenzüchter-Verband (1. DEKZV e. V.), Mühlweg 4, D-35614 Aßlar, www.dekzv.de

Deutsche Rassekatzen-Union e. V. (D. R. U.), Hauptstraße 21, D-56814 Landkern, www.dru.de

Fédération Féline Helvetique (FFH), Alfred Wittich (Präsident), Büntacher 21, CH-5626 Hermetschwil, www.ffh.ch

Österreichischer Verband für die Zucht und Haltung von Edelkatzen (ÖVEK)
Liechtensteinstr. 126, A-1090 Wien, www.oevek.at

Fédération Internationale Féline (FIFe)
17 Rue du Verger, L-2665 Luxembourg, www.fifeweb.org

Deutscher Tierschutzbund
Baumschulallee 15, D-53115 Bonn, www.tierschutzbund.de

Forschungskreis Heimtiere in der Gesellschaft, Postfach 110728, D-28087 Bremen, www.mensch-heimtier.de

Fragen zur Katzenhaltung beantworten Ihr Zoofachhändler und der Zentralverband Zoologischer Fachbetriebe Deutschlands e. V. (ZZF). Nur telefonische Auskunft unter (0611) 44755332, Mo 12-16 u. Do 8-12 Uhr.

Registrierung / Service

Deutsches Haustierregister
Baumschulallee 15,
D-53115 Bonn,
24-Stunden-Service-Telefon (0228) 6049635,
www.registrier-dein-tier.de

Internationale Zentrale Tierregistrierung (IFTA), Nördliche Ringstr. 10, 91126 Schwabach, Tel. (00800) 43820000 (kostenlos), www.tierregistrierung.de

TASSO e. V., Abt. Haustierzentralregister, 65784 Hattersheim, Tel. (06190) 937300, www.tasso.net

Krankenversicherungen

Uelzener Versicherungen, Postfach 2163, D-29511 Uelzen, www.uelzener.de

Agila Haustierversicherung AG, Breite Straße 6-8, D-30159 Hannover, www.agila.de

Internetadressen

www.feline-senses.de
www.katzen.de
www.katze-und-du.de
www.miau.de
www.schmusekatzen.de

Informationen über Giftpflanzen unter: www.giftpflanzen.ch, www.botanikus.de

Bücher

Hofmann, H.: **Katzensprache.** Gräfe und Unzer Verlag

Leyhausen, P.: **Katzen, eine Verhaltenskunde.** Paul Parey Verlag

Linke-Grün, G.: **Wohnungskatzen.** Gräfe und Unzer Verlag

Morris, D.: **Catwatching. Die Körpersprache der Katze.** Heyne Verlag

Pfleiderer, M. und Rödder, B.: **Was Katzen wirklich wollen.** Gräfe und Unzer Verlag

Zeitschriften

die edelkatze. Verbandszeitschrift des 1. DEKZV
katzen. Hrsg. D. R.U.
Geliebte Katze. Ein Herz für Tiere Media GmbH

Auflösung Testen Sie Ihr Katzenwissen (Umschlagklappe vorn)

1. Ja, aber nur bei viel Bewegungsmöglichkeit (→ Seite 35).
2. Nein, die Katze kennzeichnet dabei ihr Revier (→ Seite 102).
3. Nein, Katzen gehen stets allein auf die Pirsch (→ Seite 54).
4. Ja, aber viel seltener als potente Kater (→ Seite 17).
5. Nein, es ist ein Drohlaut, der den Rivalen gilt (→ Seite 173).
6. Nein, die Kätzin wählt oft schwächere Freier aus (→ Seite 178).
7. Nein, auch bei Krankheit und zum Beruhigen (→ Seite 159).
8. Ja, auch Katzen können an Demenz leiden (→ Seite 239).
9. Ja, Gras erleichtert das Erbrechen der Haarballen (→ Seite 82).
10. Ja, »Miau« gilt vor allem dem Menschen (→ Seite 149).
11. Ja, aber nur, wenn die Katze in Spiellaune ist (→ Seite 192).

Die Fotografen
Arco-Images: U2, 145-2, 151, 170-1, 181, 224-1, 238, 244;
Biosphoto: 24, 41;
blickwinkel: 171-1;
Cogis: 40;
Tatjana Drewka: 116, 189;
Getty: 229;
Oliver Giel: 3, 4, 5, 6, 7, 29-2, 37, 51, 57, 58-3, 59-1, 59-2, 67-1, 67-2, 69, 73, 95, 106, 111-2, 119-1, 119-2, 122, 123, 144-1, 145-1, 157, 171-3, 188, 190, 194, 210, 217, 223-2, 225-1, 225-2, 225-3, 227, 228, 234, 243, 251, U8-2;
Juniors: 11, 12, 16, 29-1, 30, 36-1, 38, 58-1, 58-2, 59-3, 62, 68, 79, 82-1, 82-2, 88, 110-1, 110-2, 111-3, 113, 127, 144-2, 144-3, 145-3, 146, 162, 173, 176, 203, 207, 213, 224-2, 224-3;
LOOK: U8-1;
Okapia: 36-2;
Ulrike Schanz: 13, 110-3, 111-1;
Schneider/Will: 45;
Visum: 94;
Monika Wegler: U3-1, U3-2, U4-1, U4-2, U4-3, 9, 97, 103, 138, 152-1, 152-2, 153, 163, 166, 220, 223-1, 223-3;
Jana Weichelt: U1, 133, 170-2, 170-3, 171-2, U5.

Syndication:
www.jalag-syndication.de

Umwelthinweis: Dieses Buch ist auf PEFC-zertifiziertem Papier aus nachhaltiger Waldwirtschaft gedruckt.

GRÄFE UND UNZER

Ein Unternehmen der
GANSKE VERLAGSGRUPPE

Projektleitung: Nadja Harzdorf
Lektorat: Gerd Ludwig
Bildredaktion: Waltraud Flöter, Petra Ender (Cover)
Umschlaggestaltung und Layout: Cordula Schaaf
Herstellung: Renate Hutt
Satz: Cordula Schaaf
Repro: Longo AG, Bozen
Druck und Bindung: Stürtz GmbH, Würzburg

Printed in Germany

ISBN 978-3-8338-2464-7

3. Auflage: 2013

www.facebook.com/gu.verlag